저자 박진영의 *STORY 1*
FOR ARCHITECTURE & INTERIOR SKETCH
건축·인테리어 스케치의 기초

이 책은
스케치의 기초를 직접 따라하며
실력을 다져주는 상세한 구성으로 초보자를 위한
형태비례감각 개념잡기에서 건축/인테리어의
실무 기본소스, 스케치테크닉 뿐만 아니라
난해한 투시도법을 쉽고 간략하게 정리하였다.
또한 디테일한 이미지와 러프한 이미지를
함께 수록하여 현장스케치의 기초와 응용능력을
키울 수 있도록 하였다.

| 만든 사람들 |

기획 _ 실용기획부
진행 _ 권현숙
집필 _ 박진영
표지이미지 _ JY Art School Basic-Mastery™
편집디자인 _ 디자인 오브(of)

| 책 내용 문의 |

도서의 내용에 대한 궁금한 사항이 있으시면,
디지털북스 홈페이지의 게시판을 통해서 해결하실 수 있습니다.
디지털북스 홈페이지_www.digitalbooks.co.kr

| 각종 문의 |

영업 관련 : digital@digitalbooks.co.kr
기획 관련 : ley35@digitalbooks.co.kr
Tel : 02-447-3157~8

※ 잘못된 책은 구입하신 서점에서 교환해 드립니다.
※ 이 책의 일부 혹은 전체 내용에 대한 무단 복사, 복제, 전재는 저작권법에 저촉됩니다.

STORY 2

건축 · 인테리어 스케치 응용기법

박진영 저

www.digitalbooks.co.kr

FOR ARCHITECTURE & INTERIOR SKETCH **STORY 2**

건축 · 인테리어
스케치 응용기법

박진영 저

이책을 시작하며

건축·인테리어 스케치 응용기법

성공적인 스케치를 완성하기 위해서는 오랜 체험과 관찰의 답습이 필요하다. 스케치라는 개념은 한마디로 정의하긴 어렵지만, 우리가 태어나 현재까지 살아오면서 경험했던 많은 것들이 머릿속 상념으로 존재하다가 스케치라는 이름으로 가시화되면서 그 결과물이 만들어지는 것이라 할 수 있다. 때문에 스케치는 특정한 분야에 있다 해서 잘하는 것도 아니고, 잠재된 능력이 있다 하더라도 평소 망각하고 살다보면 어렵기만 하다. 그리고 스케치는 화가나 특정한 사람의 전유물이 아니라 누구나가 잘할 수 있는 것이지만, 다만 그 방법이나 요령을 터득하지 못했을 뿐이다. 광범위한 스케치의 의미만큼 사용되는 분야도 다양하다. 만화가나 일러스트레이터가 사용하는 스케치의 스타일, 또는 미술가나 산업디자인, 기타 다른 분야의 디자이너들이 사용하는 스케치의 스타일이 각기 다른 것처럼 그 목적에 맞는 스케치의 스타일들이 있다.

따라서 이 책은 건축적인 성향에 맞추어 건축이나 인테리어에 관련하고 있는 실무자나 전공 학생들에게 실무스케치의 표현능력 향상을 위한 실전을 위해 만들어진 책으로써, 스케치의 기초다지기를 목적으로 했던 Story 1에 이어 두 번째로 만들어진 응용기법을 위한 책이다.

스케치의 도구로 사용되는 대표적인 소재들을 이용해 표현될 수 있는 이미지로 기본적인 소스의 표현방법을 경험할 수 있고, 투시도의 감각을 활용해 빠르게 스케치를 하는 표현기법과 요령들도 함께 설명한다. 또한 점경물의 표현에서 작도과정을 줄이고, 하나의 덩어리에서 시작하여 구체적 형태를 잡아가며 단순화시킬 수 있는 점경물들의 약식 표현들도 보여준다. 전체적인 구도를 감각적으로 잡아내어 밑본에서 채색까지의 완성물이 만들어지는 과정을 순차적으로 설명하면서, 마지막에는 실존하는 건물과 인테리어 공간이미지를 수록하여, 종합적인 결과물로서 투시도와 컬러렌더링의 참고자료가 될 수 있을 것이다. 아울러 빠른 터치에 의한 이미지를 연습해 볼 수 있는 예제를 수록하여 응용력을 기를 수 있게 구성하였다.

건축이나 인테리어 스케치는 하나의 전문성 있는 분야이다. 우리가 말하는 일반적인 스케치와 다른 이유는 그 기본 베이스를 설계(디자인)에 두고 있기 때문이다. 디자인적인 발상이나 구상은 누구나가 할 수 있다. 물론 전문적인 분야에서는 디자이너(설계자)들의 몫이지만, 그것을 가시적으로 표현할 때는 일반적인 그림이 아닌 건축적인 이미지로 나타내는 것 또한 중요한 역할이다. 따라서 실무자들이나 전공학생들은 스케치를 연습할 때 디자인의 정확한 의도를 전달하기 위해 항상 근거가 있는 정확하고 객관적인 표현을 연습하는 습관을 가져야 한다. 그런 습관과 반복적인 연습이 이루어져야만 여러분들의 눈썰미와 손놀림의 기술적인 테크닉이 만들어

건축 • 인테리어 스케치 응용기법

질 수 있는 것이다. 그것만이 현장감 있는 스케치 기술을 터득하는 지름길이다.

빠르고 효과적인 스케치는 하루아침에 이루어지는 것이 아니라 충분한 눈의 훈련과 공간에 대한 감각, 그리고 끊임없이 그려보는 과정이 누적되어야 만들어질 수 있다는 것을 강조한다. 기초가 부실하면 제대로 된 결과물을 만들어낼 수 없다. 기본기 없이 스케치실력을 단시간에 고급수준으로 끌어올리는 것은 현실적으로 불가능하다. 그것은 직접 스케치교육을 하는 사람에게도 매우 어려운 일이다.

이 책을 손에 쥔 여러분이라면 이미 기초실력이 갖추어져 있을 것이다. 기초가 확실히 잡혀있지 못하면 스케치에 대한 두려움은 사라지지 않을 것이다. 관련 실무자들이나 전공학생들이 스스로도 스케치 결과물이 만족스럽지 않다면, 그것은 자신이 그림을 못 그려서가 아니라 아직 방법을 터득하지 못했음을 의미한다. 따라서 필자는 그러한 여러분들의 답답함을 조금이나마 해결하고 이미 출간된 기초에 관한 Story 1과 더불어 그 방법을 제시할 것이다.

현재 한국사회는 그래픽프로그램에 밀려 수작업의 중요도를 간과하고 있으며, 수작업의 감각을 중요시하는 선진국에 비해 빠르고 기계적인 수단에 의존도가 높다. 다행히 최근에 개발되는 프로그램들에서는 그 결과물이 조금씩이지만 사람의 손맛을 찾아가고 있는 것을 보면 디자인의 발상적 근원이 인간의 두뇌와 손의 기술이라는 것을 상기해볼 수 있는 대목이다. 즉, 근본적인 것은 소홀히 할 수 없는 것이고, 결국엔 원점으로 되돌아오게 되는 것이 자연의 현상이다. 그러므로 여러분들의 진정한 디자인 표현력은 어떠한 도구를 사용하던 간에 여러분들의 구상력과 손끝에서 시작된다는 것을 항상 잊지 말자.

책을 집필하면서 항상 미흡하고 부족하다는 마음에 이미지 한 컷 한 컷에 정성을 들였지만, 혹여 부족한 부분이나 오류가 있다면 독자 여러분의 관심과 격려로 더욱 완성도 높은 도서가 될 수 있기를 희망한다. 끝으로, 무더운 날씨에도 책이 마무리되기까지 집필에 도움을 주신 디지털북스 관계자 여러분의 노고와, 책의 집필에 많은 시간을 배려해준 가족들에게도 고마운 마음을 전하며, 필자의 책에 많은 관심을 가져준 독자 여러분들께도 깊은 감사의 뜻을 전한다.

박 진 영 드림

CONTENTS

건축 • 인테리어 스케치 응용기법

Chapter 01 　종이 위에 구현되는 스케치 도구의 이미지 연출

- 연필에 의한 표현 　_18
  - 연필 스케치 표현 사례 　_22
- 펜에 의한 표현 　_23
  - 펜 스케치 표현 사례 　_25
- 색연필 / 파스텔에 의한 표현 　_26
  - 색연필 / 파스텔 스케치 표현 사례 　_29
- 마커에 의한 표현 　_30
  - 마커 스케치 표현 사례 　_33

Chapter 02 　빠른 스케치를 위한 퍼스펙티브(Perspective)의 숙달방법

- 선의 표정과 터치(stroke) 　_36
- 입체물의 접근습관 　_39
- 명암의 처리 및 그림자 표현 　_42
- 투시도법의 기본원리 점검하기 　_47
  - 1소점 도법의 기본원리(1소점 평행투시) 　_47
  - 2소점 도법의 기본원리(2소점 유각투시) 　_48
- 투시도법의 감각을 이용한 건물 외관의 표정 익히기 　_51
- 투시도법의 감각을 이용한 내부 공간의 표정 익히기 　_55
  - 1소점 내부 투시 구도의 기본형태 　_55
  - 2소점 내부 투시 구도의 기본형태 　_58
- 투영도법 알아보기 　_61

Chapter 03 공간과 형태의 구도(composition) 잡아내기

- **건축 외관의 형태 잡아내기** _66
  - 건물 외관 스케치 감각적으로 그려보기 1(투시형태) _66
  - 건물 외관 스케치 감각적으로 그려보기 2(조감형태) _73
- **실내 내부의 공간 구도 잡아내기** _80
  - 실내 내부 스케치 감각적으로 그려보기 1(1소점 내부 투시) _80
  - 실내 내부 스케치 감각적으로 그려보기 2(2소점 내부 투시) _86

Chapter 04 건축·인테리어 스케치를 위한 점경물의 표현

- **건축의 점경물** _94
  - 자동차의 개략적인 표현 _94
  - 디테일링에 의한 자동차 이미지 _95
  - 인물의 개략적인 표현 _96
  - 경관 수목의 이미지 _97
  - 평면상에 표현되는 수목의 여러 가지 표정 _98
  - 경관 수목의 개략적인 표현 _99
  - 대지분석과 환경적 요소표현을 위한 관계표시 _100
- **인테리어의 점경물** _102
  - 가구류의 표현 _102
  - 가구류의 개략적 표현 _107
  - 조명의 표현 _111
  - 실내수목의 표현 _113
  - 실내수목의 개략적 표현 _113
  - 실내수목의 디테일링 표현 _115
  - 커튼의 표현 _116
  - 위생기구의 표현 _118

건축 • 인테리어 스케치 응용기법

Chapter 05 공간 구성별 응용 표현

■ 건축 분야 이미지 스케치 _122
  - 주거시설 이미지 1/ 2/ 3/ 4/ 5(디테일링에 의한 표현과 컬러링) _122/ 124/ 126/ 128/ 130
  - 주거시설 이미지 1-1/ 2-1/ 3-1/ 4-1/ 5-1(빠른 터치에 의한 표현과 컬러링)
   _123/ 125/ 127/ 129/ 131
  - 근생시설 이미지 1/ 2/ 3(디테일링에 의한 표현과 컬러링) _132/ 134/ 136
  - 근생시설 이미지 1-1/ 2-1/ 3-1(빠른 터치에 의한 표현과 컬러링) _133/ 135/ 137
  - 공공 – 업무시설 이미지 1/ 2/ 3(디테일링에 의한 표현과 컬러링) _138/ 140/ 142
  - 공공 – 업무시설 이미지 1-1/ 2-1/ 3-1(빠른 터치에 의한 표현과 컬러링) _139/ 141/ 143
  - 숙박시설 이미지 1/ 2/ 3(디테일링에 의한 표현과 컬러링) _144/ 146/ 148
  - 숙박시설 이미지 1-1/ 2-1/ 3-1(빠른 터치에 의한 표현과 컬러링) _145/ 147/ 149
  - 문화시설 이미지 1/ 2/ 3(디테일링에 의한 표현과 컬러링) _150/ 152/ 154
  - 문화시설 이미지 1-1/ 2-1/ 3-1(빠른 터치에 의한 표현과 컬러링) _151/ 153/ 155
  - 교육시설 이미지 1/ 2/ 3/ 4(디테일링에 의한 표현과 컬러링) _156/ 158/ 160/ 162
  - 교육시설 이미지 1-1/ 2-1/ 3-1/ 4-1(빠른 터치에 의한 표현과 컬러링) _157/ 159/ 161/ 163

■ 인테리어 분야 이미지 스케치 _164
  - 주거공간 이미지 1/ 2/ 3/ 4(디테일링에 의한 표현과 컬러링) _164/ 166/ 168/ 170
  - 주거공간 이미지 1-1/ 2-1/ 3-1/ 4-1(빠른 터치에 의한 표현과 컬러링) _165/ 167/ 169/ 171
  - 상업공간 이미지 1/ 2/ 3/ 4(디테일링에 의한 표현과 컬러링) _172/ 174/ 176/ 178
  - 상업공간 이미지 1-1/ 2-1/ 3-1/ 4-1(빠른 터치에 의한 표현과 컬러링) _173/ 175/ 177/ 179
  - 업무공간 이미지 1/ 2/ 3/ 4(디테일링에 의한 표현과 컬러링) _180/ 182/ 184/ 186
  - 업무공간 이미지 1-1/ 2-1/ 3-1/ 4-1(빠른 터치에 의한 표현과 컬러링) _181/ 183/ 185/ 187

- 전시공간 이미지 1/ 2/ 3/ 4(디테일링에 의한 표현과 컬러링)　　　_188/ 190/ 192/ 194
- 전시공간 이미지 1-1/ 2-1/ 3-1/ 4-1(빠른 터치에 의한 표현과 컬러링)　_189/ 191/ 193/ 195

■ 기타 이미지 모음　　　_196/ 197/ 198/ 199/ 200/ 201/ 202/ 203

Chapter 01

종이 위에 구현되는
스케치 도구의 이미지 연출

스케치의 도구들은 우리가 늘상 접하는 것일 수도 있고 그렇지 않은 것들도 있을 것이다. 글씨가 써지는 것과 색칠을 할 수 있는 것이라면 무엇이든 스케치의 도구가 되고 그림의 재료가 될 수 있다. 중요한 것은 디자이너의 발상을 어떻게 표현하고 전개해 나가는 것인가가 중요한 것이다. 때문에 우리는 현실적으로 접하기 쉬운 도구들부터 익숙해져야 할 필요가 있다. 완성된 결과물을 만들 때 밑그림을 잡고 윤곽과 입체감을 주며 사실적인 색을 구현해서 완성하는 것처럼 디자이너에게 도구 사용능력은 필수적인 요구조건이라 할 수 있는 것이다. 이 단원에서는 스케치에 보편적으로 사용되는 도구들을 이용해 건축과 인테리어 스케치를 위한 표현의 이미지를 보여주고 있다. 우리가 쉽게 접할 수 있는 도구들을 통해 건축을 위한 스케치와 인테리어를 위한 스케치는 어떠한 느낌의 구현인지를 경험해 볼 수 있다. 참고로 마감재에 관한 이미지 표현은 이 단원에서 다루지 않고 Chapter 05. 공간 구성별 응용표현에서 실제 이미지들을 연습하면서 그 속에서 함께 표현해 보기로 한다.

연필에 의한 표현

건축이나 인테리어 스케치에서 연필을 사용하는 것은 개략적인 밑그림 이미지와 명암, 선의 반복되는 횟수를 줄여 단번에 그려내는 스타일을 요구하기 때문이다. 물론 채색을 위해서는 펜을 사용해야 하지만 실수를 하지 않고 처음부터 완벽하게 그릴 수는 없는 것이기 때문에 연필로 먼저 그려보는 연습이 필요하다. 여기서는 주로 4B연필이 사용되었으며 건축이나 인테리어에 관련된 이미지 소스를 적용해 연필의 느낌을 표현해 보았다. 선의 강약과 명암톤의 조절을 통해 개략적으로 이미지 표현을 연습해 보자.

인물의 간략표현

수목의 간략표현

침엽수종   활엽수종

수목표현의 패턴

수목의 잎새표현

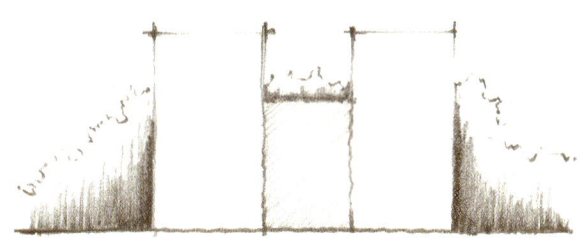

건물의 배경숲 약식표현

유리창의 표현

자연석과 평면 수목군

건축스케치에서는 건물이 주가 되어 표현되고 주변경관(점 경물 등)들은 개략적인 이미지로 간략화시킨다.

건축, 인테리어 스케치 응용기법

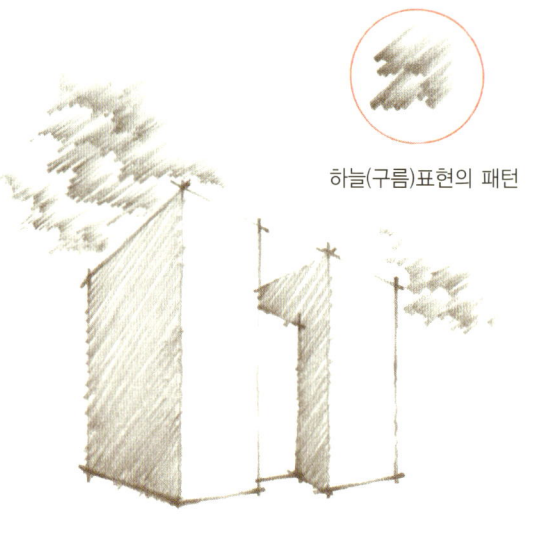

하늘(구름)표현의 패턴

하늘(구름)의 표현

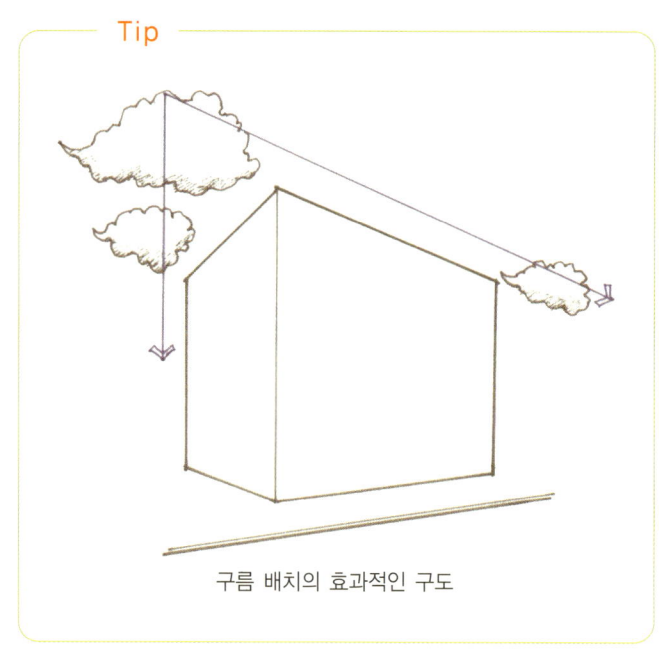

구름 배치의 효과적인 구도

도로와 경영의 표현

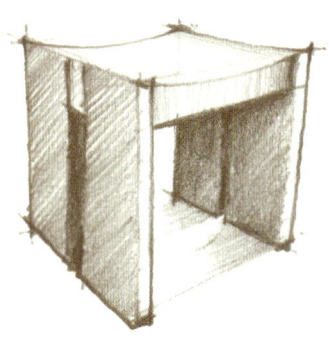

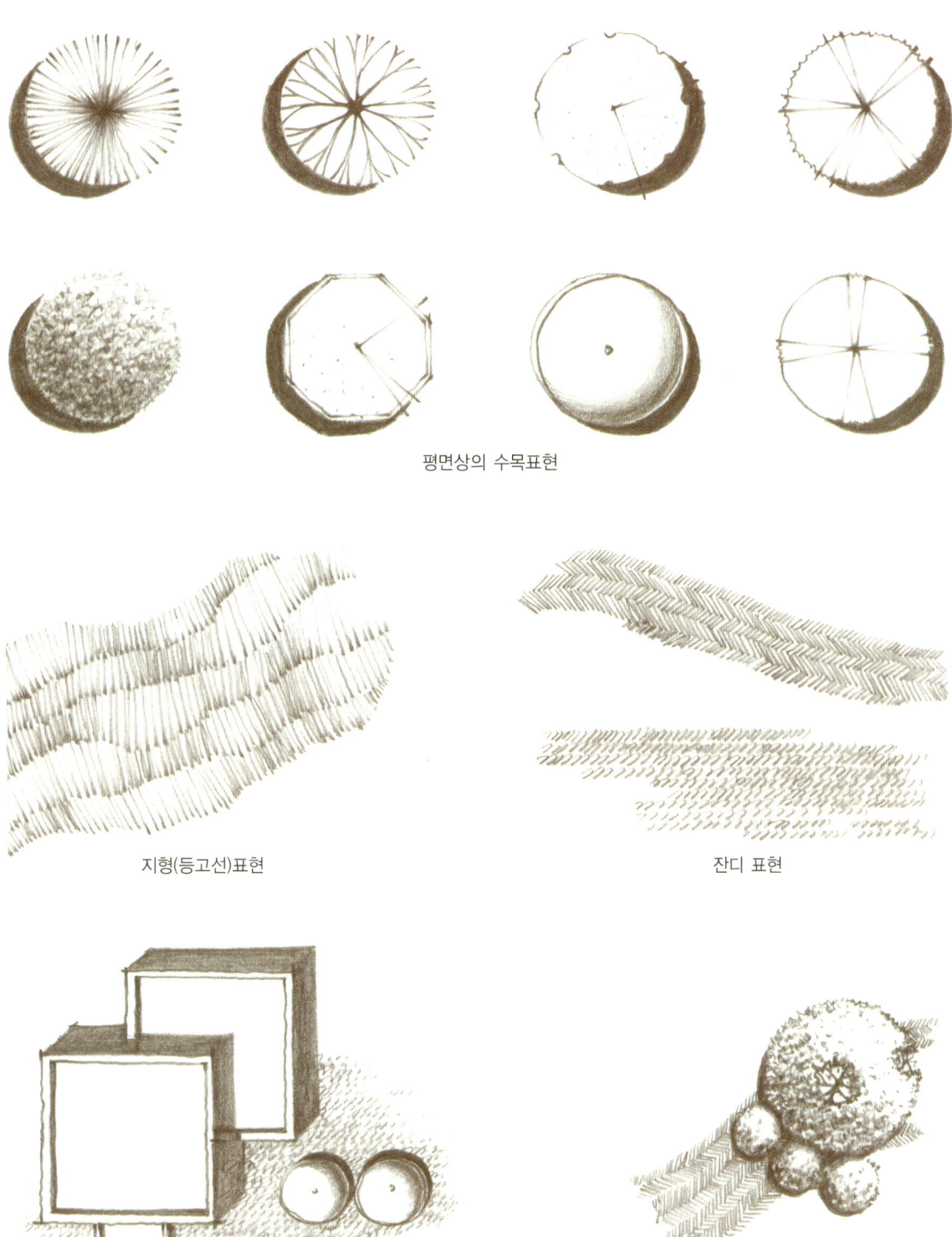

평면상의 수목표현

지형(등고선)표현　　　　　잔디 표현

연필 스케치 표현 사례

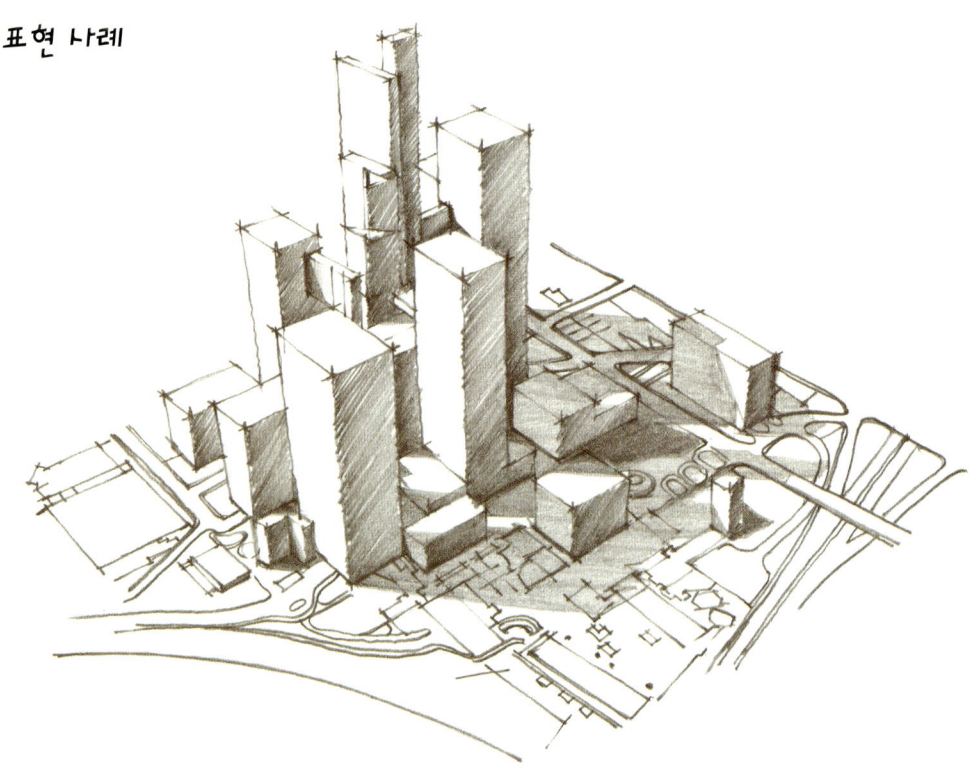

보여지는 이미지는 연필을 사용하여 표현된 스케치 사례이다. 물론 여러분이 이해하기 쉽도록 차분한 분위기로 렌더링을 한 것이지만, 여러분이 실제 실무에 적용할 때에는 이 정도 이상의 표현은 하지 않아도 될 것이다. 더 디테일 하게 손을 대면 미술(회화)에 가까운 이미지가 되어버린다.

펜에 의한 표현

펜의 종류는 볼펜에서 만년필 드로잉펜, 붓펜에 이르기까지 다양하고 각기 특성에 따라 표현되는 선의 느낌도 다양하다. 연필과는 다르게 잉크를 사용하기 때문에 흑백의 대비가 확실하고 분명한 선을 잡을 수가 있다. 하지만 연필처럼 부드러운 톤의 조절이 어렵기 때문에 터치하는 선에 일정한 리듬을 잡아주는 것이 좋다. 스케치 연습용으로 수성이긴 하지만, 플러스펜은 촉에 탄력이 있어서 가는 선에서 굵은 선까지 자유롭게 만들 수 있는 장점이 있으므로 권장할 만한 도구이다. 참고로 명암의 톤을 부드럽게 넣고자 한다면 심의 지름이 작은 중성펜을 사용하면 좋다. 또한 채색을 목적으로 그리는 이미지라면 명암의 처리는 생략해도 무방하다.

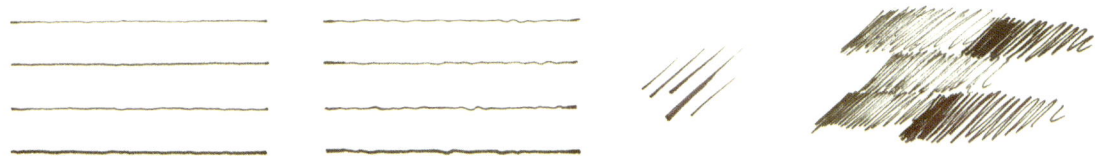

선의 굵기를 조절해 보고 명암의 톤 조절도 연습해 본다.

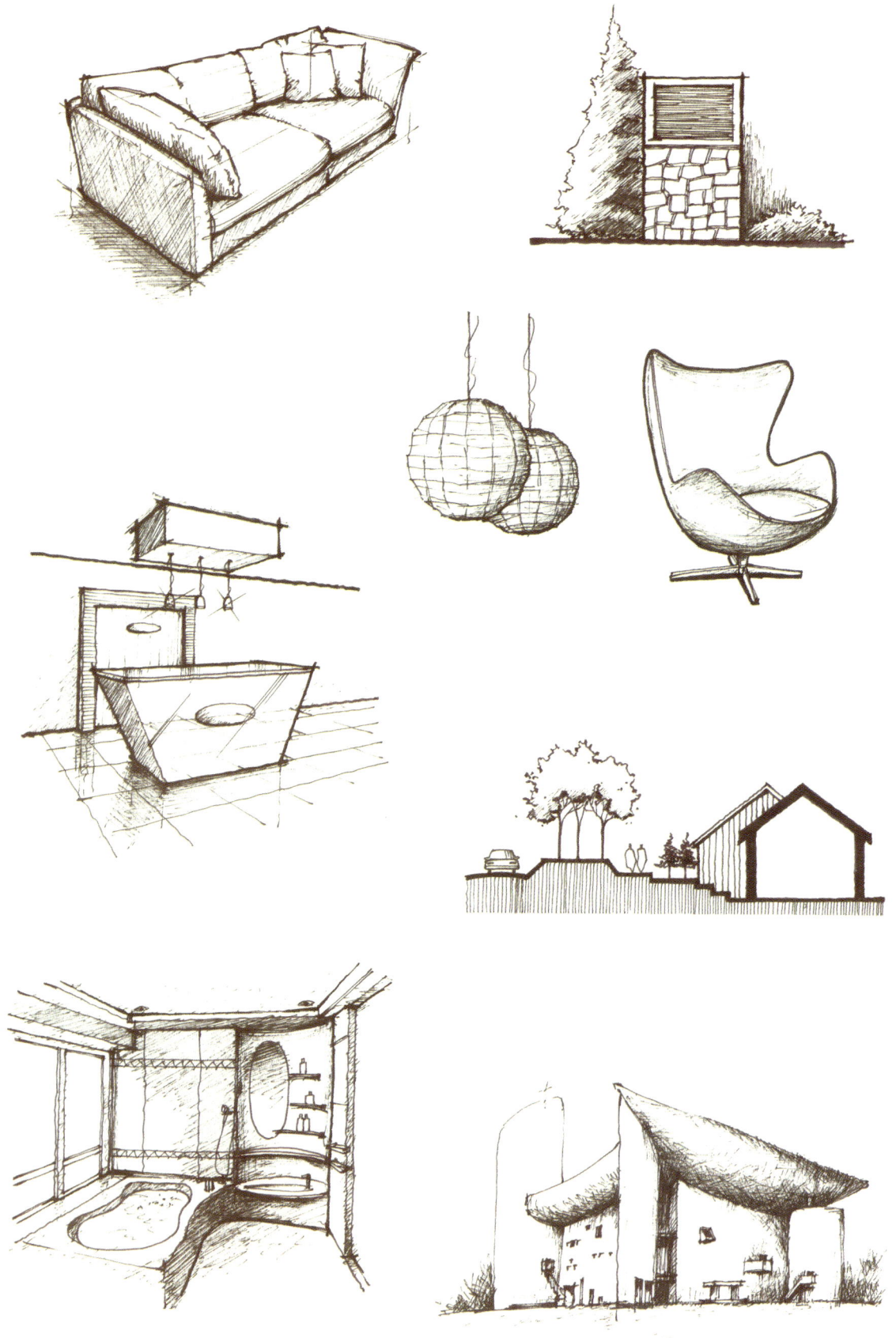

펜 스케치 표현 사례

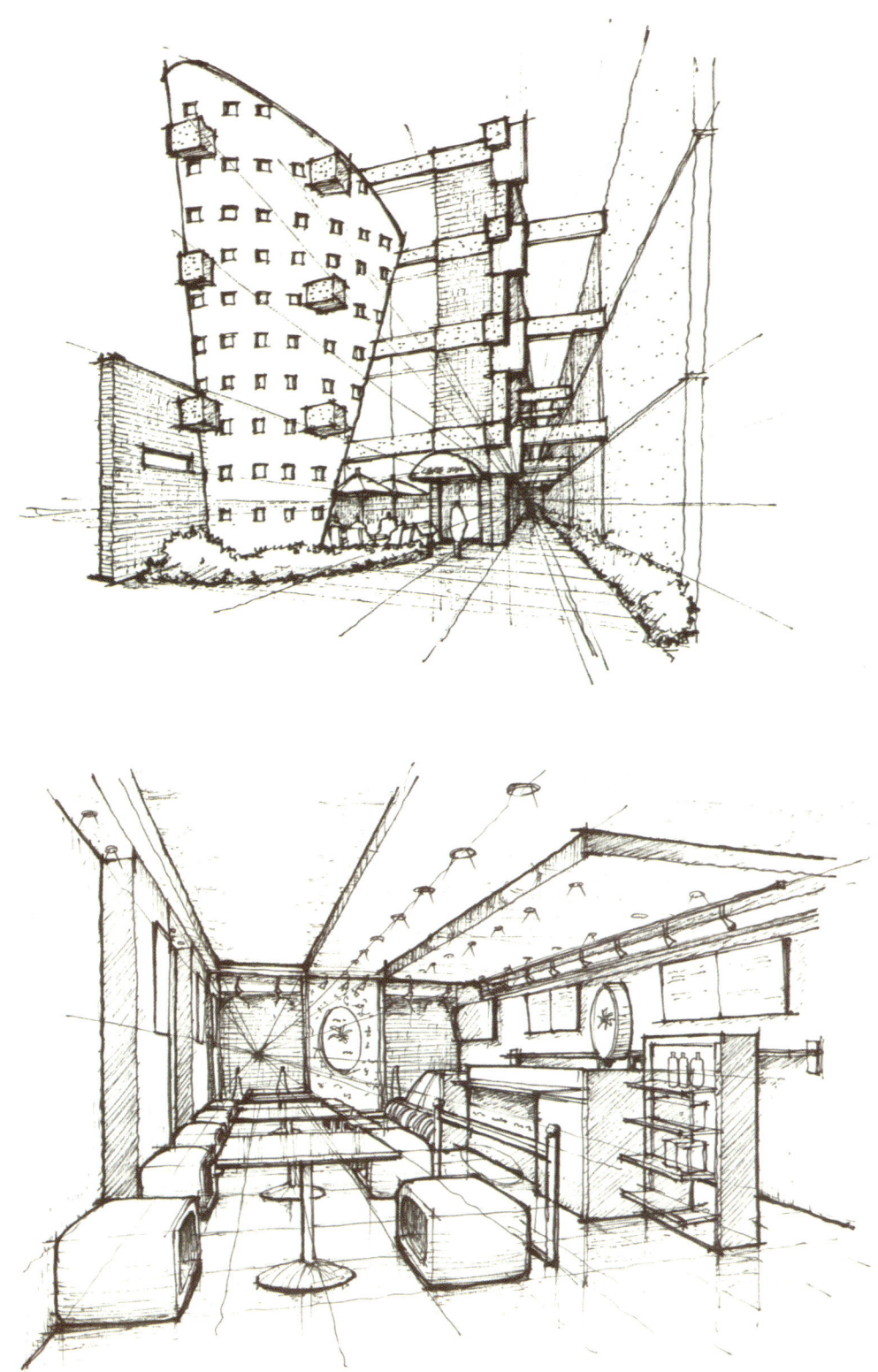

색연필 / 파스텔에 의한 표현

색연필을 사용할 경우에는 수용성보다는 유성색연필을 권장한다. 연필 같은 느낌을 표현할 수 있는 장점이 있고, 날카롭게 깎아 쓰지 않는 한 선의 강도가 약하다는 단점이 있다. 때문에 마카를 사용할 때 마카로 표현이 어려운 질감 등을 처리할 때 종종 함께 사용되기도 하고, 부드러운 이미지스케치를 연출하고자 할 때 파스텔과 함께 사용하면 효과가 좋다. 또한 실무 현장의 스케치 표현에서는 펜 작업이 된 이미지에 부분적인 색감만을 표현할 때 적용하기도 한다.

파스텔은 부드러움의 대명사인 만큼 거칠고 강한 표현에는 적합하지 않다. 스케치에서 사용할 때에는 손이나 티슈 등으로 문질러서 은은하고 부드러운 표에 효과적이다. 주로 하늘이나 유리면, 실내에서의 조명효과나 부드러운 음영의 조절을 표현하고자 할 때 사용된다.

파스텔가루를 이용하여 손가락의 힘 조절로 문질러서 표현한 하늘

빌딩 유리면의 표현

전체 면에 파스텔을 칠하고 티슈로 부드럽게 문지른 다음 지우개로 지워낸 조명의 표현

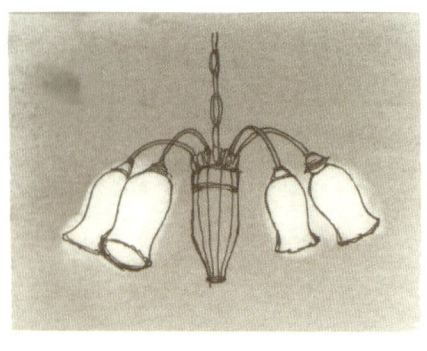

가구와 바닥, 벽의 음영(그림자) 표현

색연필 / 파스텔 스케치 표현사례

색연필의 부드러운 톤 효과로 표현한 건축물의 표현

색연필과 파스텔을 이용하여 표현한 실내 이미지

마커에 의한 표현

마커는 색의 구현에서 가장 빠르고 효과적인 도구이고, 많은 일러스트레이터나 디자이너들이 선호하는 재료이기도 하다. 넓은 팁과 뾰족한 팁, 브러시타입의 팁을 이용하여 다양한 선과 면을 만들어낼 수 있다. 반면 알코올 성분이 있어 잉크를 녹이는 단점이 있는 수용성 잉크의 펜 사용은 가능하면 피하는 것이 좋다. 스케치에서 마커 사용의 포인트는 이미지의 전체 면적에 색을 다 칠하지 않고, 부분적으로 남겨두는 효과를 주는 것이다. 여백의 밝은 부분과 색이 대조를 이루어 간략하면서도 시각적인 흡인 효과를 줄 수 있기 때문이다.

넓은 팁의 수직 터치　　　　넓은 팁의 날림 터치　　　　뾰족한 팁의 스크래치 터치

화분(수목)의 간략 이미지

커튼의 간략 이미지

테이블의 반사 이미지

거울/유리창의 표현

건물의 배경 숲 처리

건축, 인테리어 스케치 응용기법

빌딩의 외관 터치

조경 수목의 컬러 터치

주방 이미지의 개략적 표현

마커 스케치 표현 사례

마커의 채색을 위해서는 펜 작업 시 최소한의 음영 및 그림자만을 표현해 주고 입체적인 선의 굵기 조절 정도만 해준다. 실내 내부에서의 조명의 효과와 하이라이트를 위해 부분적으로 수정액을 사용하기도 한다.

Chapter 02

빠른 스케치를 위한 퍼스펙티브의 숙달방법

스케치를 빠르게 표현하려면 우선 공간에 대한 이해력과 사물에 대한 관찰력이 충분히 발달되어야 한다. 그리고 투시도의 원리를 이용해 입체적인 형태를 잡아내고 반복적인 숙달을 통해 속도감을 키워야 하는 것이다. 모든 사물은 우리 눈에 보여질 때 원근감이 느껴지게 된다. 때문에 우리가 비정상적인 형태에 거부감을 느끼는 것은 우리와 친숙하지가 않아서 사실로 받아들이기가 어려운 것이다.

따라서 우리는 투시도의 기본을 배제한 상태로 정확한 형태를 잡아내기가 어렵고 사실적인 이미지의 느낌을 전달할 수가 없다. 혹자들은 빠른 스케치라고 하면 연습장에 낙서하듯이 그린 이미지를 말한다. 물론 스케치의 개념으로서 틀린 말은 아니다. 하지만 아무리 빨리 그려낸 이미지라도 그것을 의뢰인에게 보여주고 이해시키기 위해서는 혼자만의 연습용 스케치로는 좋은 결과를 바라기는 어려울 것이다. 그래서 디자이너도 자신의 구상을 메모하듯 기록해 놓은 이미지에 어느 정도는 사실적 표현을 가미해 줘야 한다. 빠른 스케치라는 것은 빠르고 거칠게 그리면서도 부분적인 생략을 하는 것이지 대충 그리는 것이 아니다. 보여지는 이미지를 빠르게 잡아내어 그려낸다는 것은 즐거운 일이다. 하지만 도법을 이론적으로 숙지했다 해서 누구나 고도의 테크닉을 발휘할 수는 없으므로 직접 그려보는 체험의 답습이 필요하다는 것을 강조하는 것이다.

이번 단원에서는 이미 체험했던 도법의 기본을 이용해 공간의 구도와 형상을 잡아보는 연습을 해보도록 구성했고, 아울러 빠른 손놀림과 명암의 개략적인 표현을 통해 입체감을 만들어주는 선의 터치 방법을 보여주고 있다. 만약 책을 보다가 도법적인 내용의 이해가 부족한 독자가 있다면 기초교재인 Story 1에서 다루고 있는 Chapter 01.스케치의 기초, Chapter 05. 간략 투시도법 편을 참고하기 바란다.

선의 표정과 터치 (Stroke)

필기구에 따른 선의 표정을 느껴본다.

　스케치에서 대표적으로 사용되는 연필, 펜, 색연필로 선을 만들어보고 각각의 필기구가 주는 느낌을 어디에 적용하면 좋을지를 구상해 보자.

● 연필의 표정

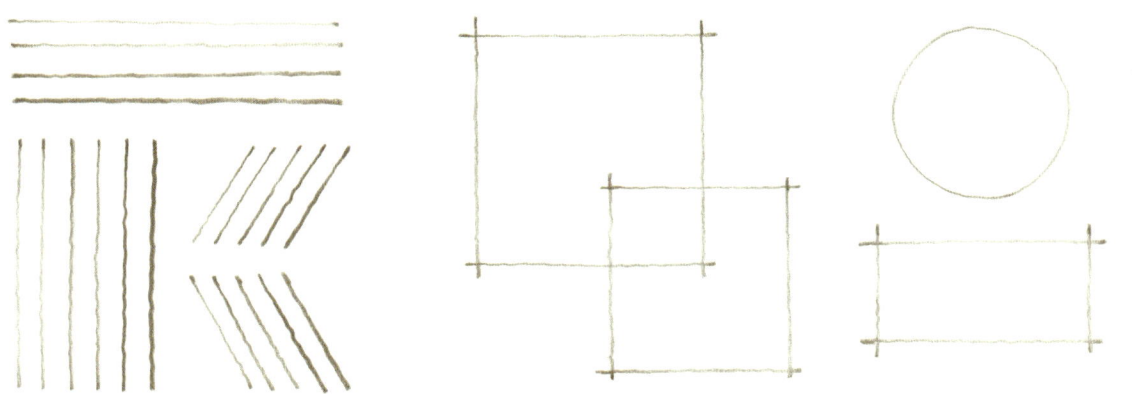

● 펜의 표정

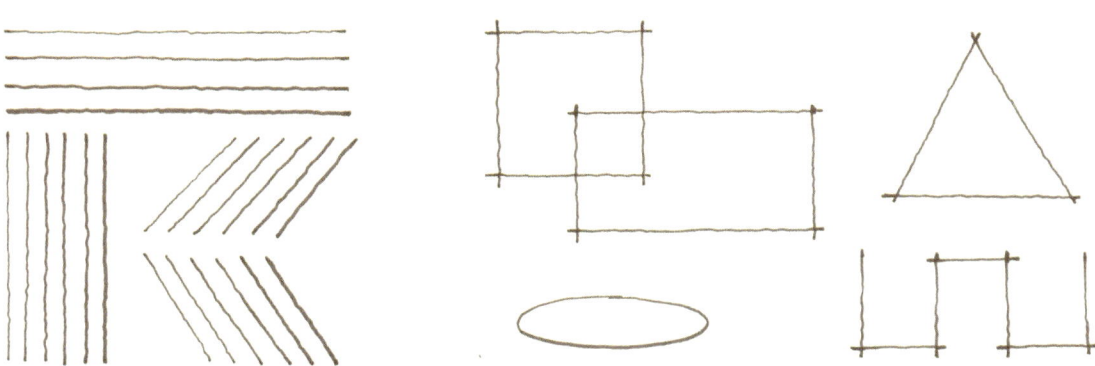

● 색연필의 표정

필법(stroke)의 연습

평행하게 속도감을 주어 긋되 처음과 끝에 힘을 준다.

선에 강약을 주며 흔들 듯이 긋는다.

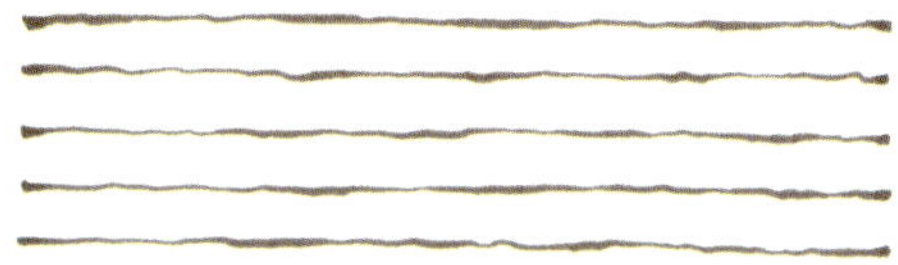

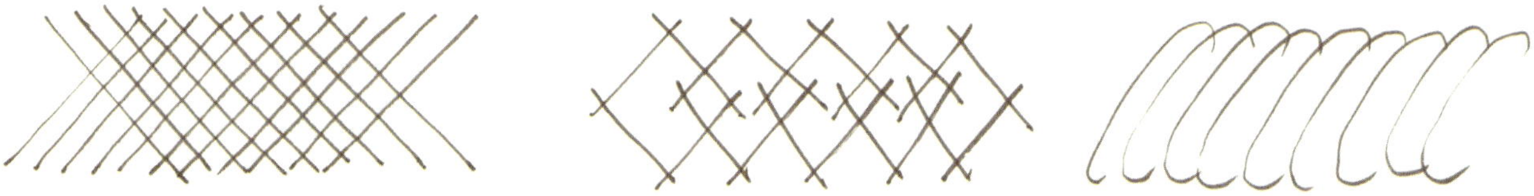

일정한 방향성을 의식하며 리듬감을 부여해 본다.

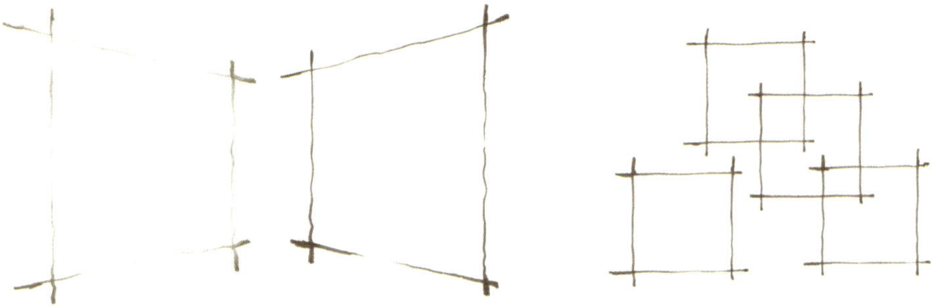

선과 선이 만나는 모서리를 교차시켜 준다.

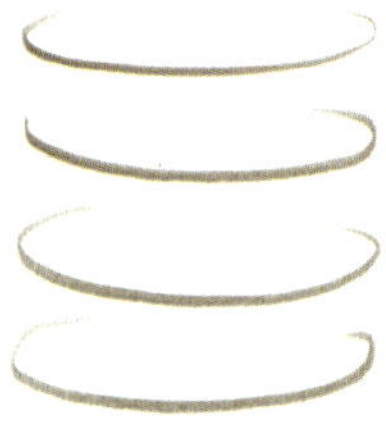

타원을 그릴 때는 눈에 가까운 쪽에 힘을 준다.

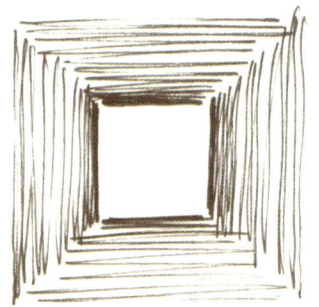

공간을 연상하며 빠른 속도로 선의 간격을 조절하여 깊이감(그라데이션)을 만들어 본다.

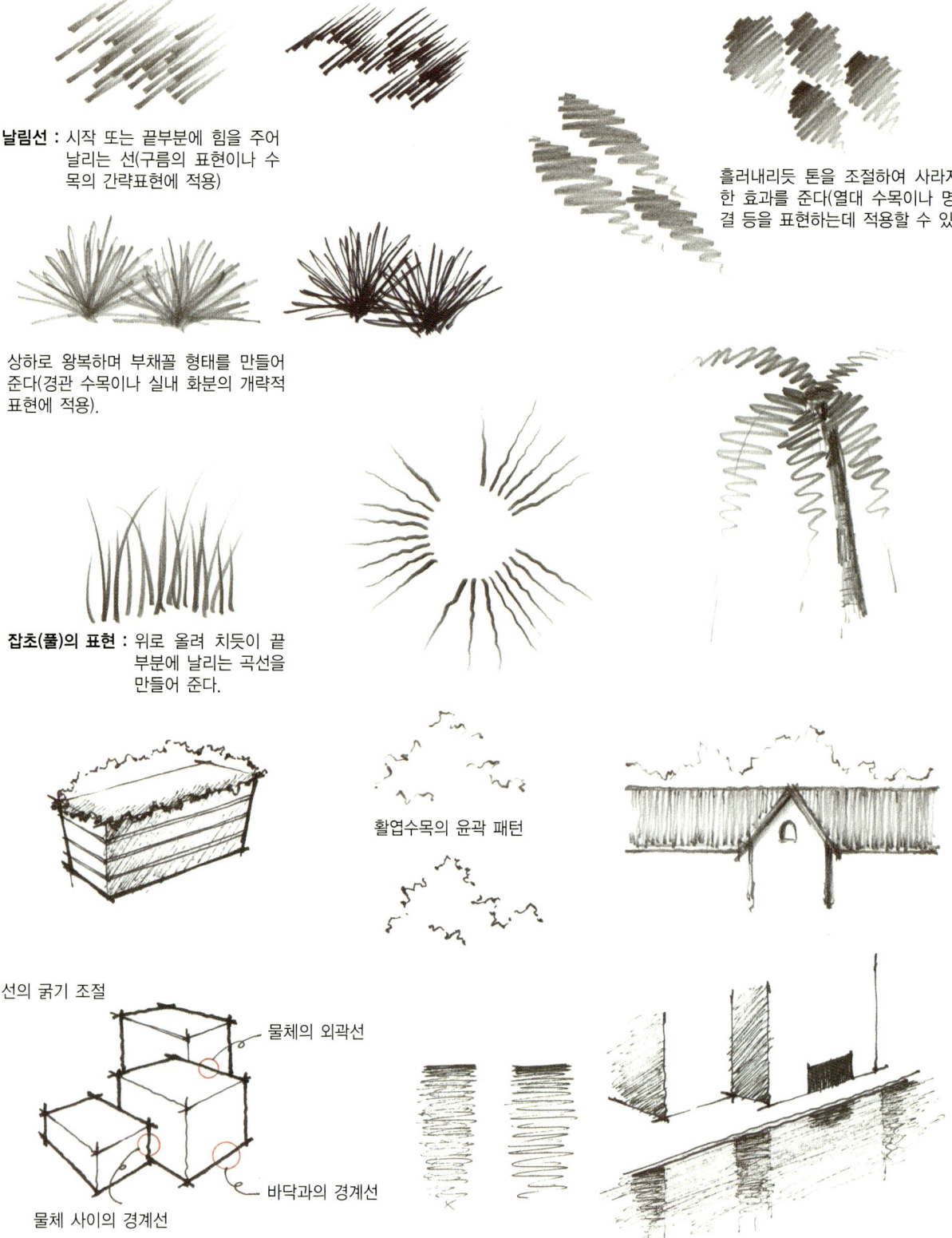

입체물의 접근습관

입체물을 비례적으로 구도에 맞게 표현하기 위해서는 사물에 대한 관찰력을 키우는 것이 가장 우선적으로 필요하다. 경험에 의해 얻어진 기억을 토대로 미처 생각지 못했던 부분을 다시 한 번 점검해 본다면 자신도 모르는 사이에 관찰하는 시각이 달라지게 될 것이다. 여기에 소개된 방법들은 지극히 자연적인 원리를 설명하고 있다. 다만 우리가 잊고 지내고 있었을 뿐이다. 이러한 방법들을 통해 사물에 대한 표현방법을 쉽게 접근할 수 있도록 숙달을 하자.

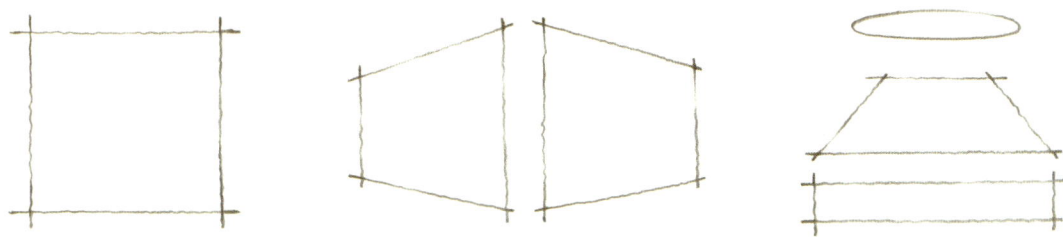

창이나 테이블, 건물의 외관 등을 연상하며 그린다. 이때 선의 흐름은 항상 평행하도록 주의하자.

면에 명암을 표현해 본다.
명암의 농도 조절이 익숙해지면 빠른 속도로 그라데이션을 만들어 본다.

연필   펜   색연필

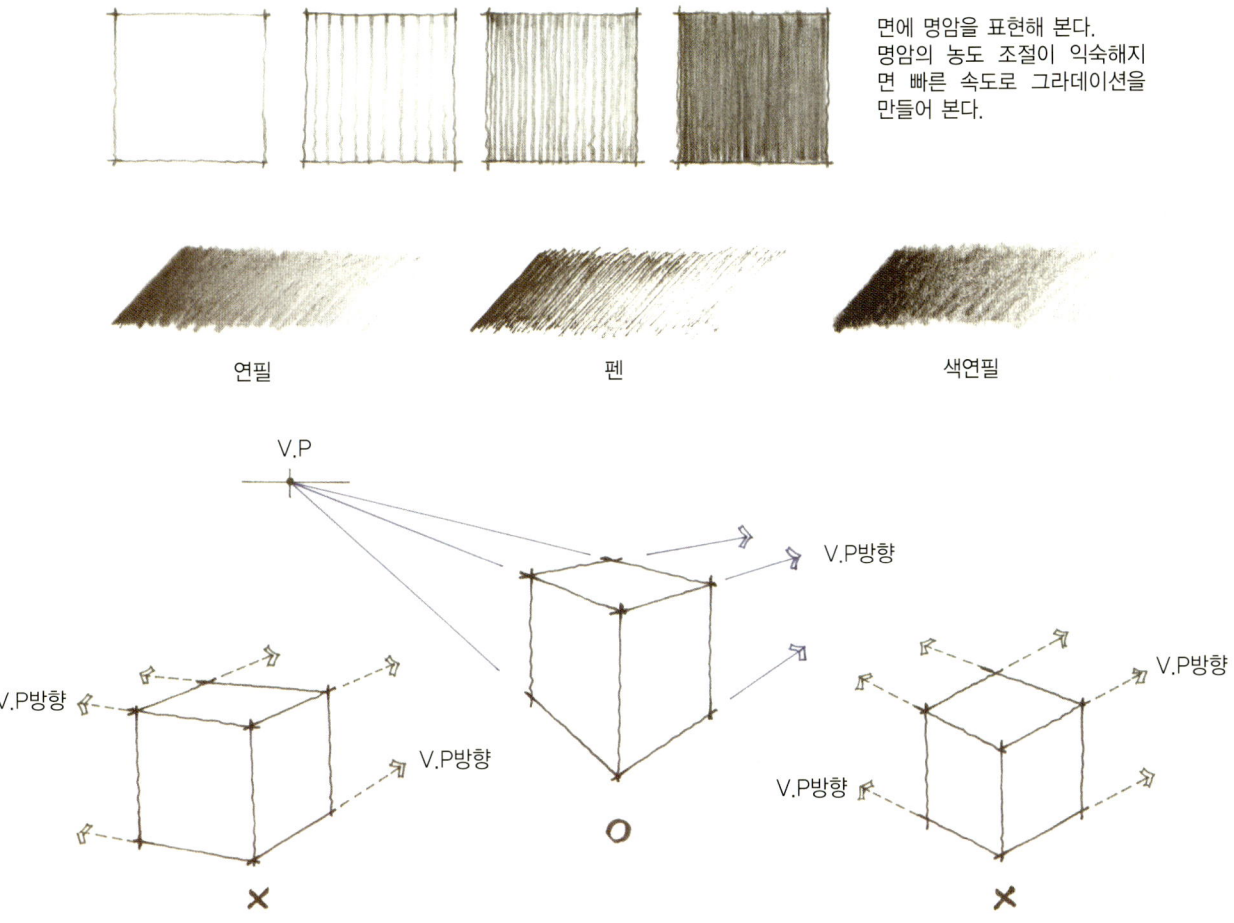

소점을 의식하며 그린다. 입체물을 표현할 때는 항상 공간이나 물체의 형태를 바르게 파악하고 균형 있게 그리려고 노력해야 한다. 투시도법의 이해가 없이는 물체의 형태를 정확하게 표현하기란 곤란하므로 도법의 원리적인 비례감각을 먼저 습득한 후에 접근하는 것이 좋다.

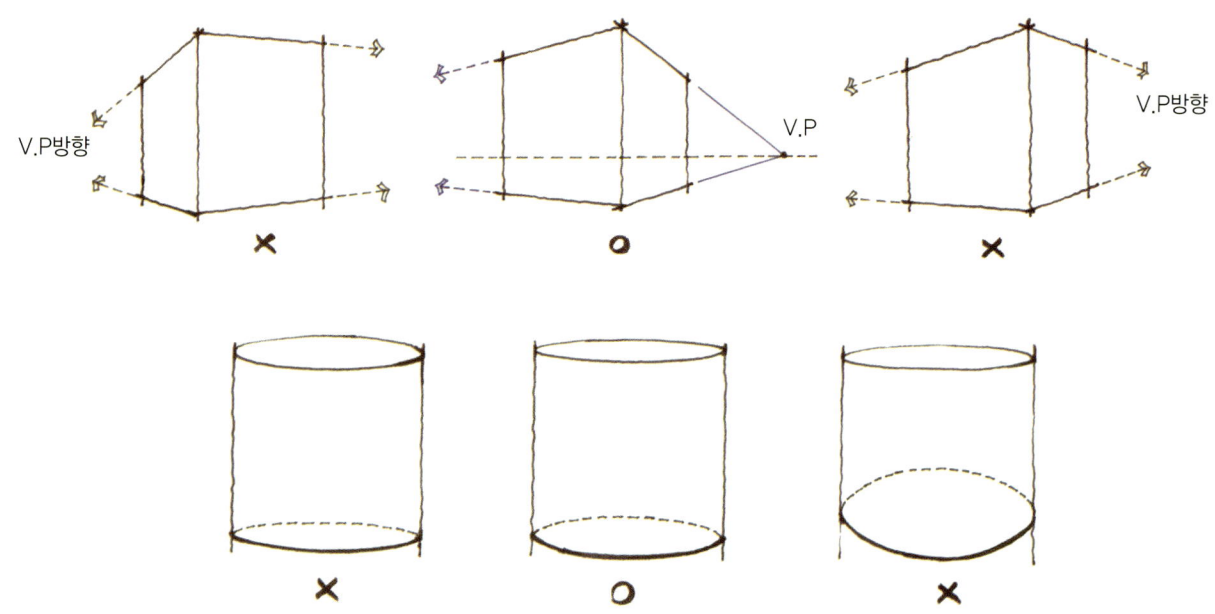

타원형을 그릴 때는 물론 곡선의 매끄러움도 중요하지만 원이 형성되는 원리를 이해하고 눈높이에 따라서 달리 보이는 기울기를 조절하는 연습을 하는 것이 더 중요하다. 타원의 중심을 나누게 되면 멀리 보이는 면은 좁아 보이고 가깝게 보이는 면은 넓어 보이는 것을 알 수 있다.

● 눈높이에 따른 타원의 변화

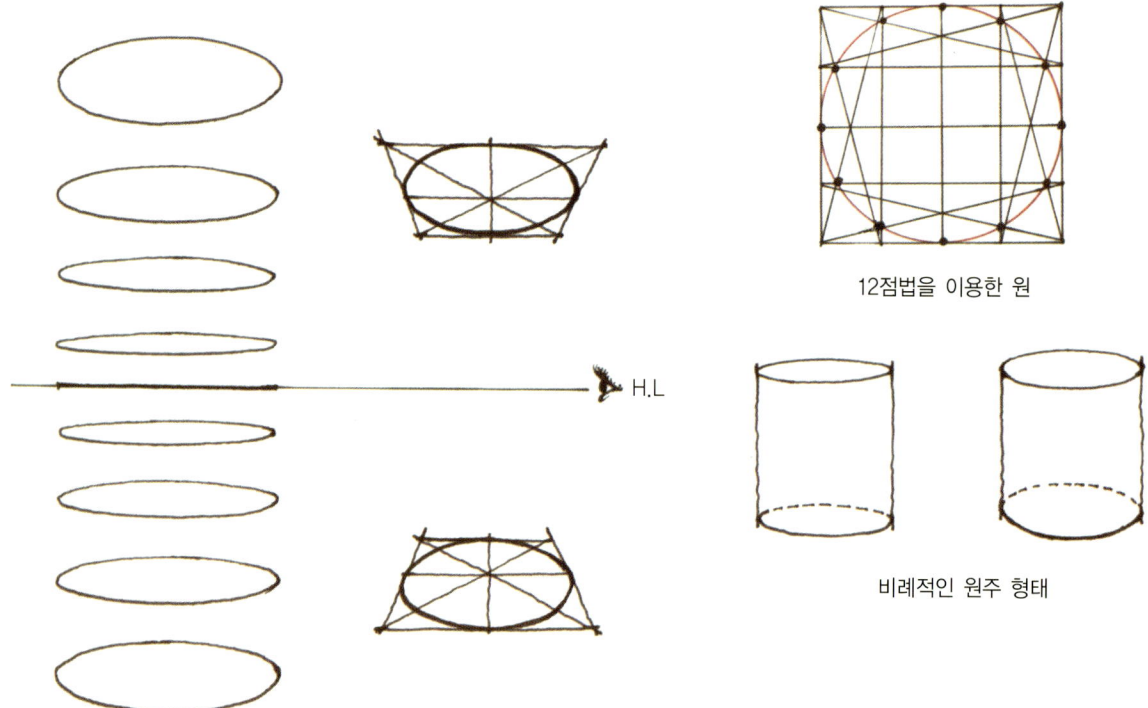

12점법을 이용한 원

비례적인 원주 형태

건물의 외관을 그릴 때에도 소점 방향의 흐름을 항상 의식하며 전체적인 덩어리의 구도를 먼저 잡는 습관을 들이자.

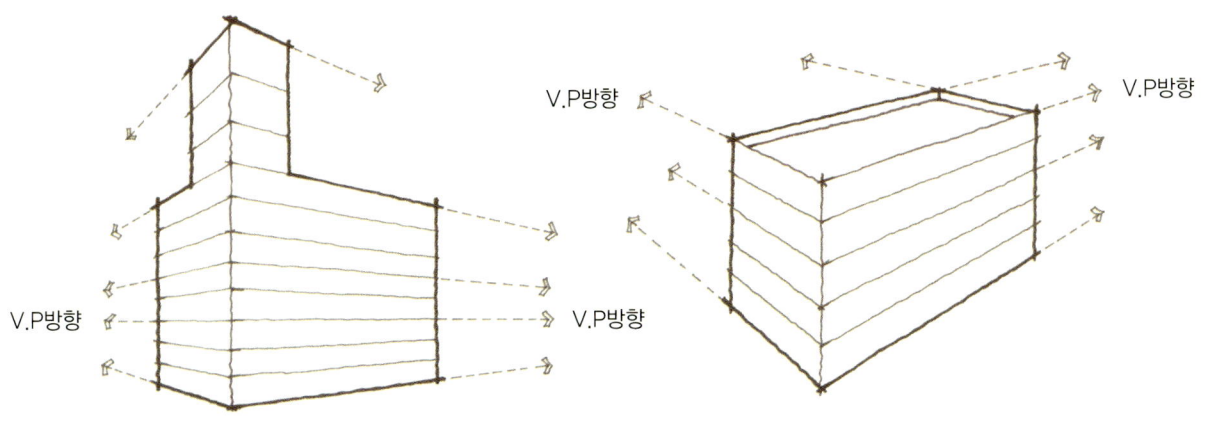

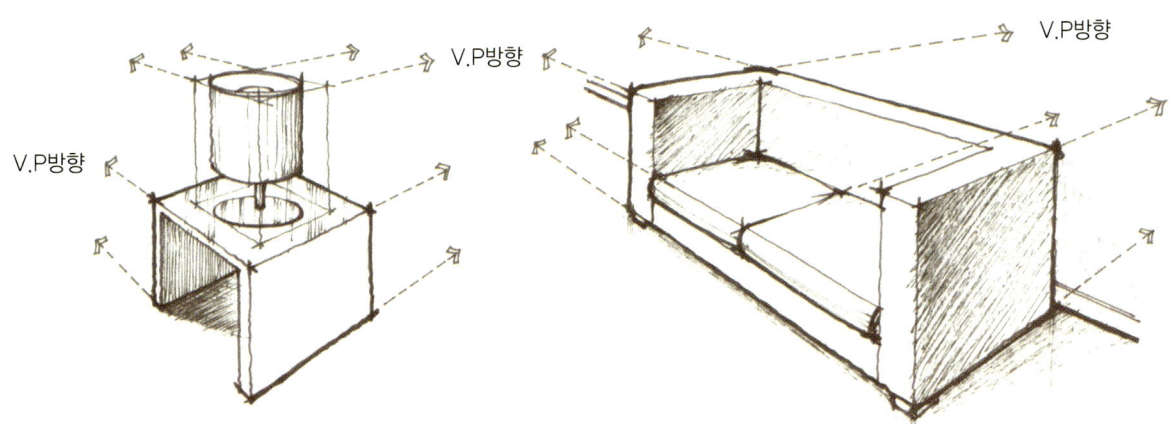

가능한 한 우리 주변에서 흔히 접할 수 있는 단순한 소재를 스케치해 보는 연습을 통해 비례적인 형태의 감각을 익히면서 응용력을 발전시킨다.

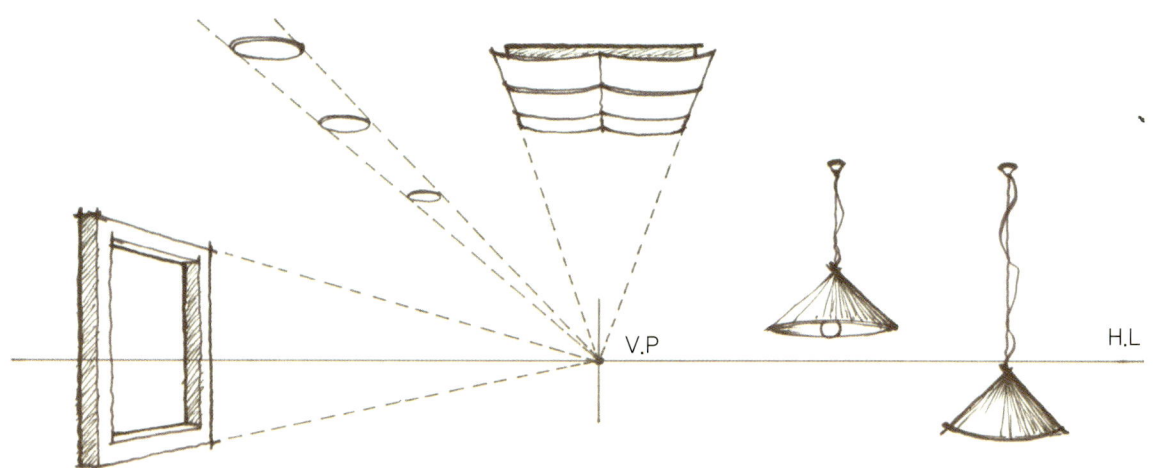

명암 처리 및 그림자 표현

실무적인 스케치에서의 명암 처리는 미술에서의 명암처럼 세밀하게 하지 않는다. 빠른 스케치를 요구하는 현장에서는 밝고 어두운 콘트라스트를 강하면서 간략하게 표현해 주면 되는 것이다.

● 미술적인 측면에서의 명암처리

 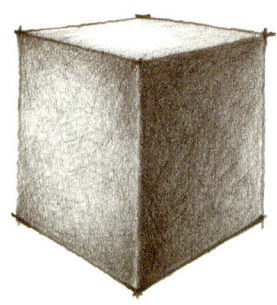 

● 스케치의 이미지를 위한 명암의 터치

  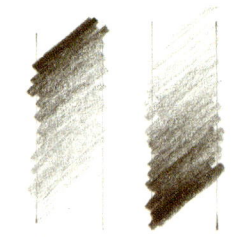

☞ 디테일하고 세부적인 표현보다는 입체감의 느낌만을 살려주는 간단한 터치가 필요하다. 건물 외관은 밑으로 내려가면서 농도를 강하게 해 주고 실내 내부 입체물의 명암은 상부 모서리를 기준으로 강하게 시작하여 하부로 갈수록 흐리게 처리한다.

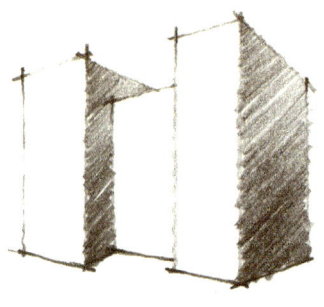 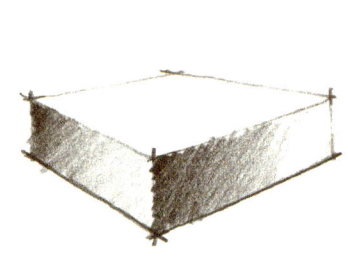 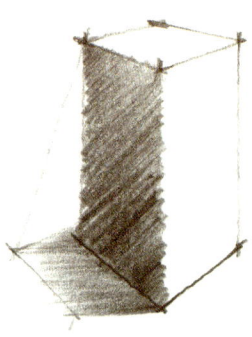

● 원주 형태의 명암처리

 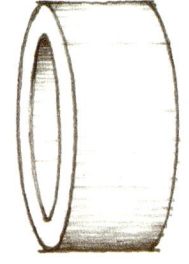 

☞ 빛의 방향을 고려하여 어두운 부분으로 갈수록 선의 간격을 조밀하게 처리한다.

● 펜에 의한 명암처리

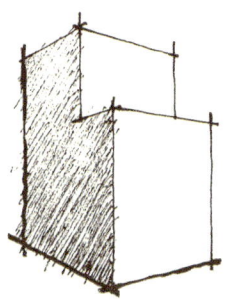 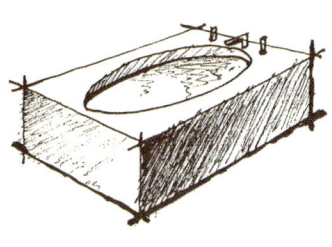 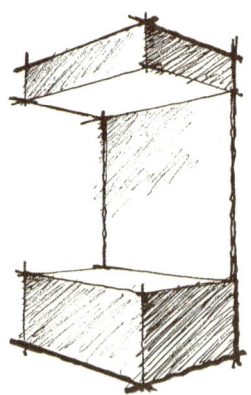

● 색연필에 의한 명암처리

 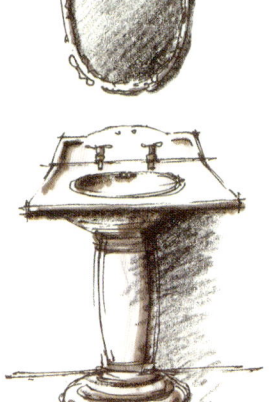 

● 마커에 의한 명암처리

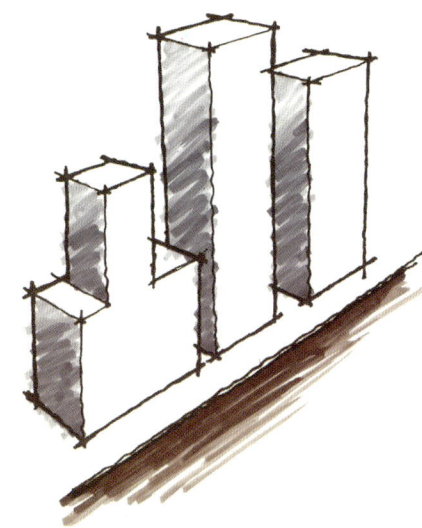  

건물 외관의 그림자 표현방법

건물의 외관 그림자는 태양광의 방향을 기준 잡아 그림자의 방향선을 대칭적으로 하여 반대방향으로 설정하고 건물의 각 모서리들을 연결해 보면 쉽게 찾아낼 수가 있다.

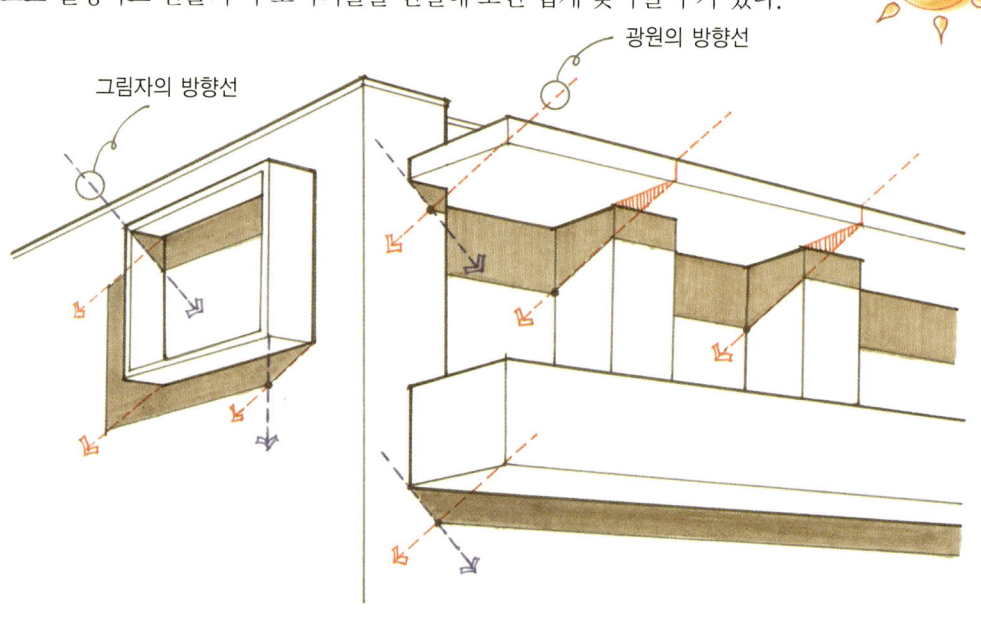

실내(내부)에서의 그림자 설정방법

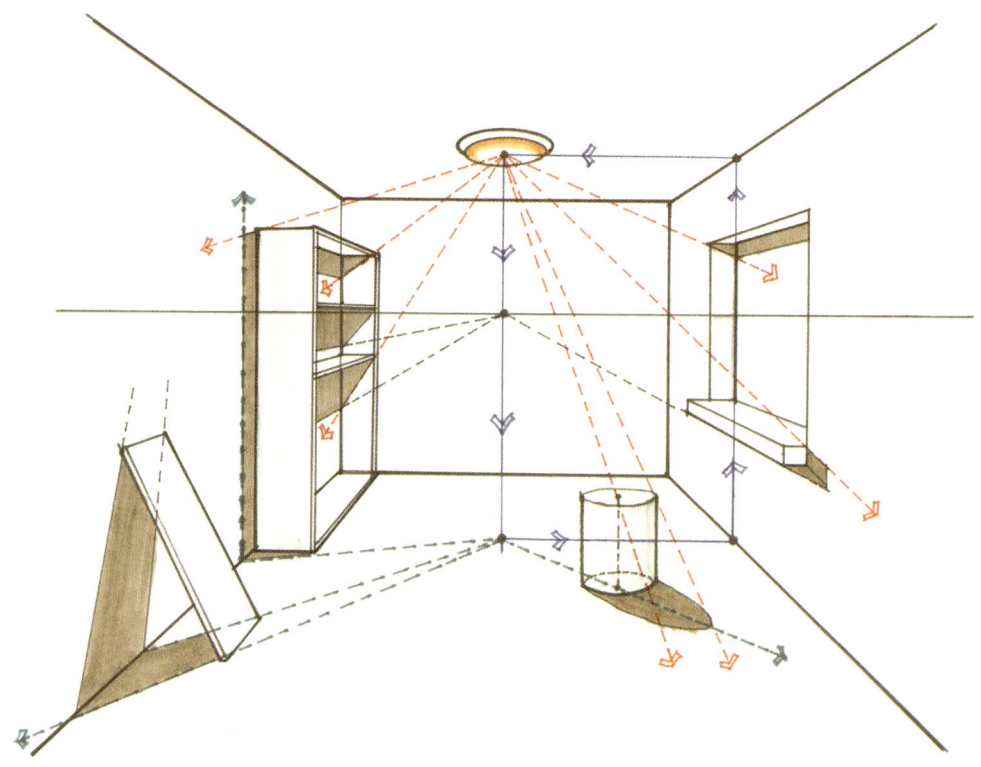

☞ 실내에서는 조명의 기준이 일정하지 않으므로 그 기준을 중심에 있는 조명으로 하여 각 물체의 모서리를 지나 소점방향으로 흐르는 선을 연결해 주면 그림자의 면적을 설정할 수 있고 바닥에 있는 물체는 광원의 중심축선을 기준으로 하여 그림자의 방향선을 잡아준다.

그림자의 형성원리

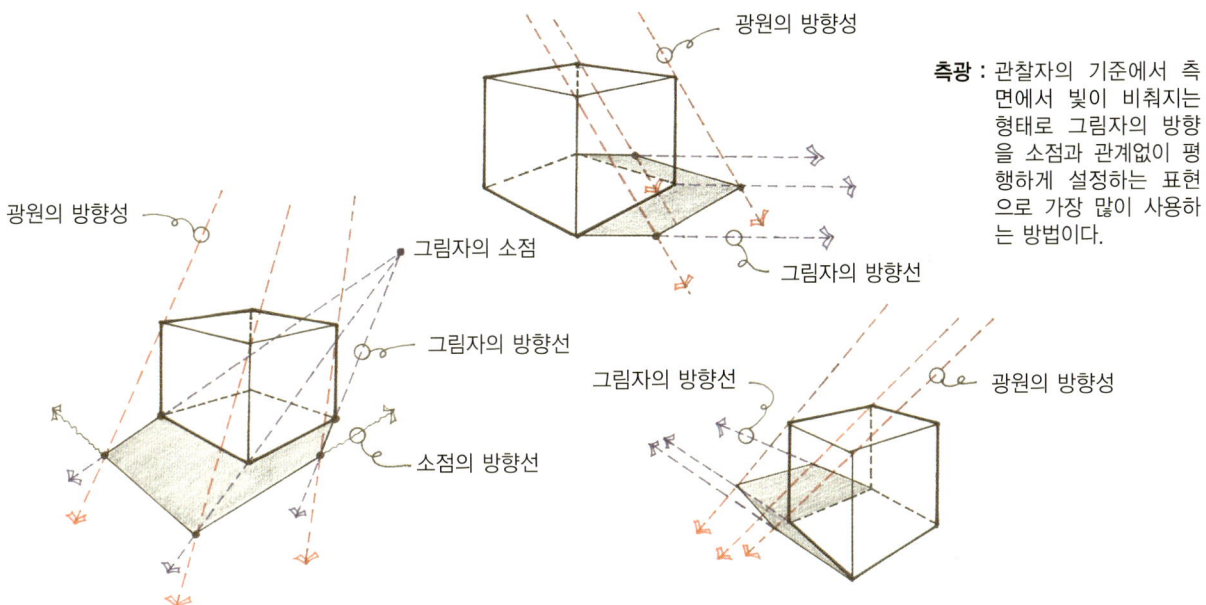

역광 : 관찰자의 정면에서 앞에 놓인 물체에 빛이 비춰 생겨 나는 형태의 그림자. 즉 관찰자 앞으로 그림자가 형성 된다.

측광 : 관찰자의 기준에서 측면에서 빛이 비춰지는 형태로 그림자의 방향을 소점과 관계없이 평행하게 설정하는 표현으로 가장 많이 사용하는 방법이다.

배광 : 물체가 관찰자 앞에 있고 광원이 관찰자의 등 뒤에서 비춰질 때 형성되는 그림자

스케치에 적용하기 쉬운 그림자의 형태

☞ 보통 측광의 형식을 빌어 아래의 이미지와 같은 효과를 내준다.

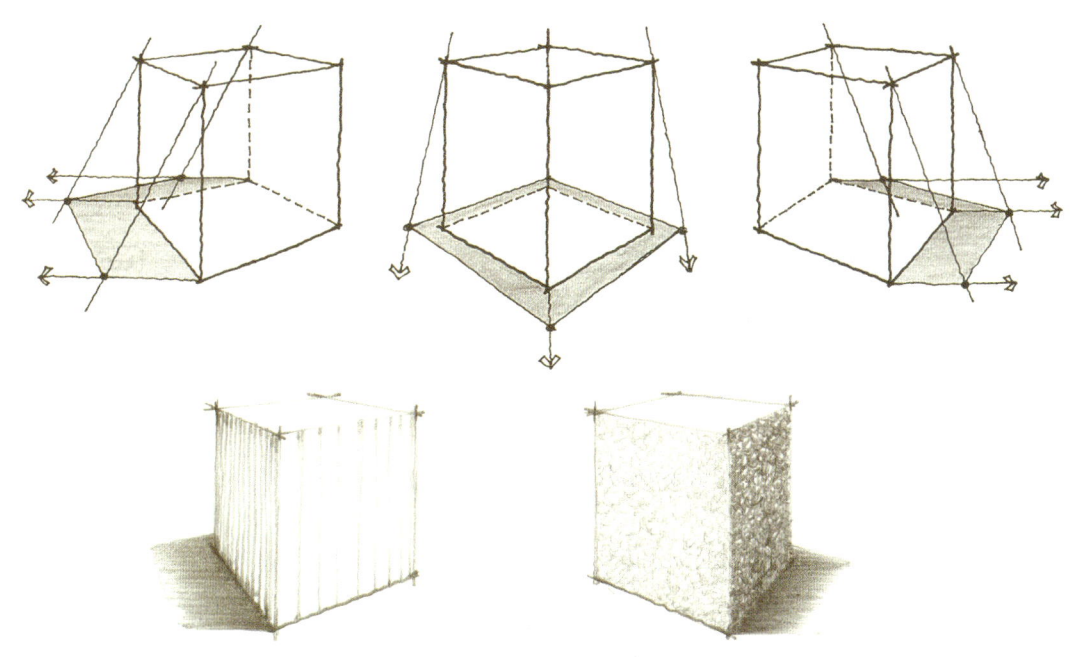

그림자의 방향선은 수평으로 해준다.

실내 투시에서의 경영 (반사 : Reflections)

실내 내부에서 거울에 비친 물체의 상을 잡을 때는 물체의 중심을 관통하는 보조선을 거울면에 통과되게 그은 다음 물체의 시작 모서리를 거울의 중심(물체를 관통하는 선)을 지나게 대각선을 긋고, 물체의 폭 끝선이 거울면과 만난 교점에서 다시 평행하게 대각선을 그으면 내부에 투영되는 물체의 대칭적인 자리값과 형상을 잡을 수 있다. 즉, 거울면에서 이격된 거리와 물체의 크기만큼 배로 증가하는 것이다. 입체적인 공간에서는 이러한 방식을 소점의 흐름 비례에 맞추어 거울에 비친 영상을 찾아낸다.

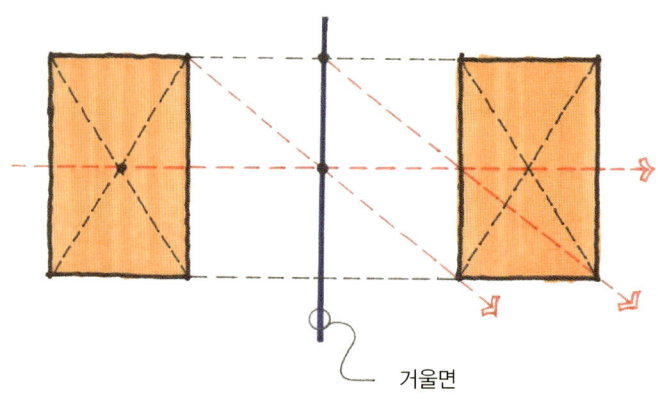

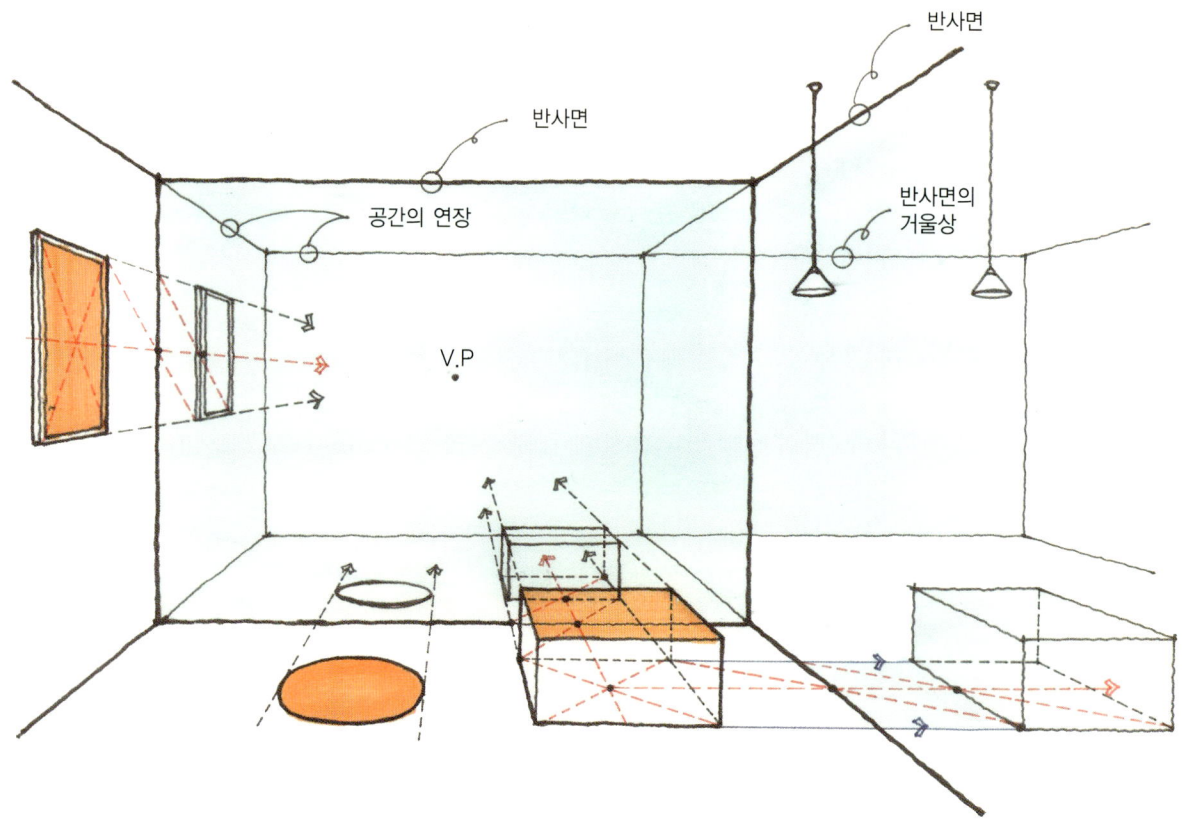

투시도법의 기본원리 점검하기

■ 1소점 도법의 기본원리(1소점 평행투시)

① 주어진 평면을 화면(P.P)상에 평행하게 설정하고 임의의 거리를 띄워 아래쪽에 바닥기준선(G.L)을 설정하여 입면을 위치시킨다.
② 입면을 가로지르게 눈높이선(H.L)을 긋는다.
③ 평면의 중심에서 수직선을 내려 그어 임의의 거리로 수직선상에 관찰자의 위치(S.P)를 설정한다.
④ 입면과 평면이 만나는 곳에 형성된 사각형에 대각선을 그어놓고 평면의 각 모서리에서 S.P로 결집되게 선을 그어주면 평면의 양 끝에서 내려온 선과 사각형의 내부에 그어진 대각선과의 교점을 찾아 평행하게 이어주면 사각형 내부에 또 하나의 사각형이 형성되게 되는데 이것이 내부로 진입되는 공간의 구도가 잡혀지는 것이다. 그 중심에 잡혀지는 점이 바로 소점이 된다. 실내 내부뿐만 아니라 건물의 외관에도 같이 적용되는 도법이다.

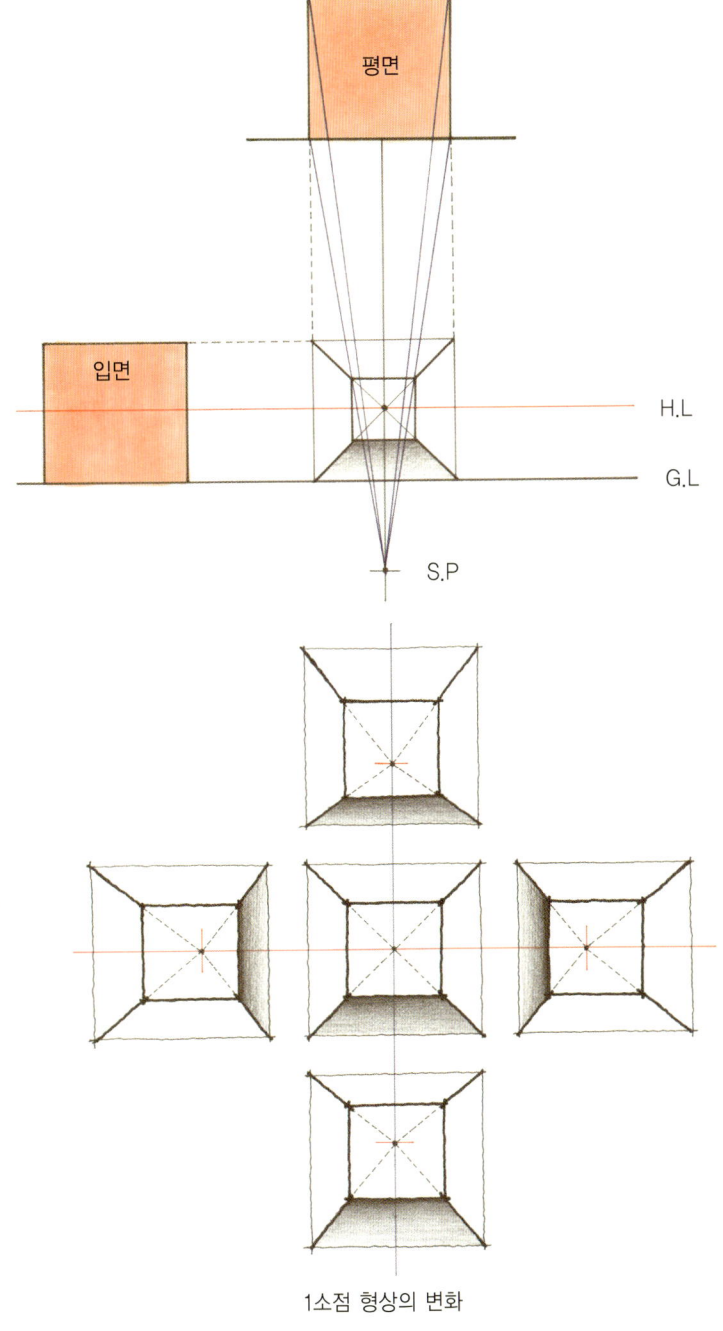

1소점 형상의 변화

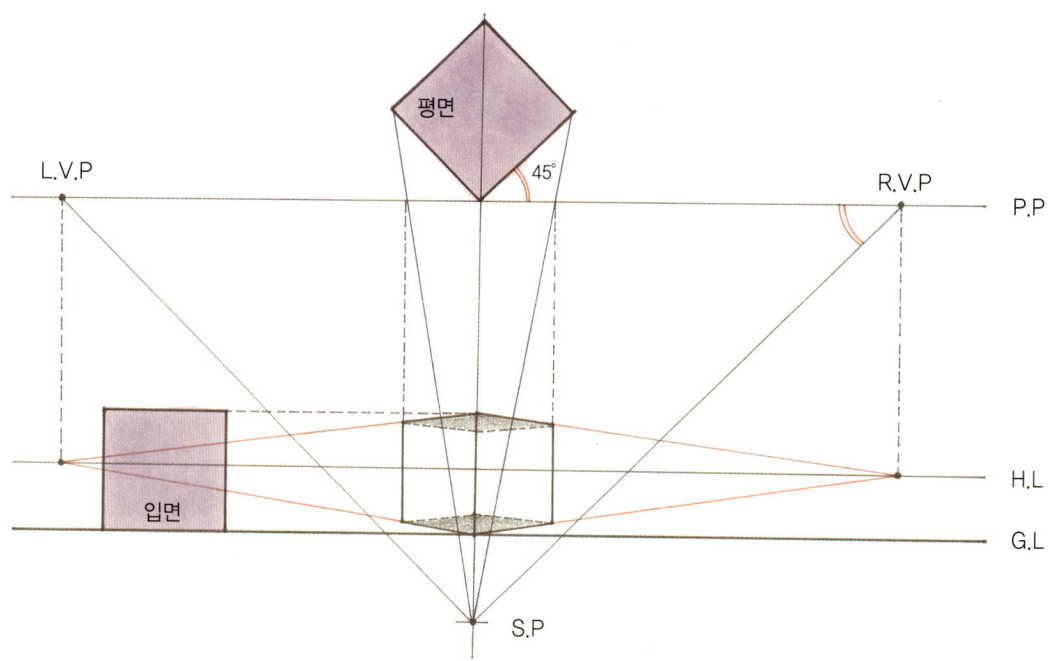

■ 2소점 도법의 기본원리 (2소점 유각 투시)

① P.P / H.L / G.L을 설정하는 방법은 1소점 도법과 같다.
② P.P 선상에 평면의 모서리를 축으로 하고 양쪽에 각을 설정하여 입방체를 추출하는 방법이다.
③ 평면의 양끝 모서리에서 S.P로 연결되는 선과 P.P가 만나는 위치에서 입방체의 폭이 결정되고, 소점의 위치는 평면을 설정한 양쪽의 각도와 동일한 각도로 S.P에서 P.P로 연장선을 그어서 찾아준다.
④ 다시 수직으로 내려와 H.L과 만나는 점에서 입면높이의 수직 기준 모서리의 끝을 연결해 주면 입체적인 정육면체가 만들어진다.

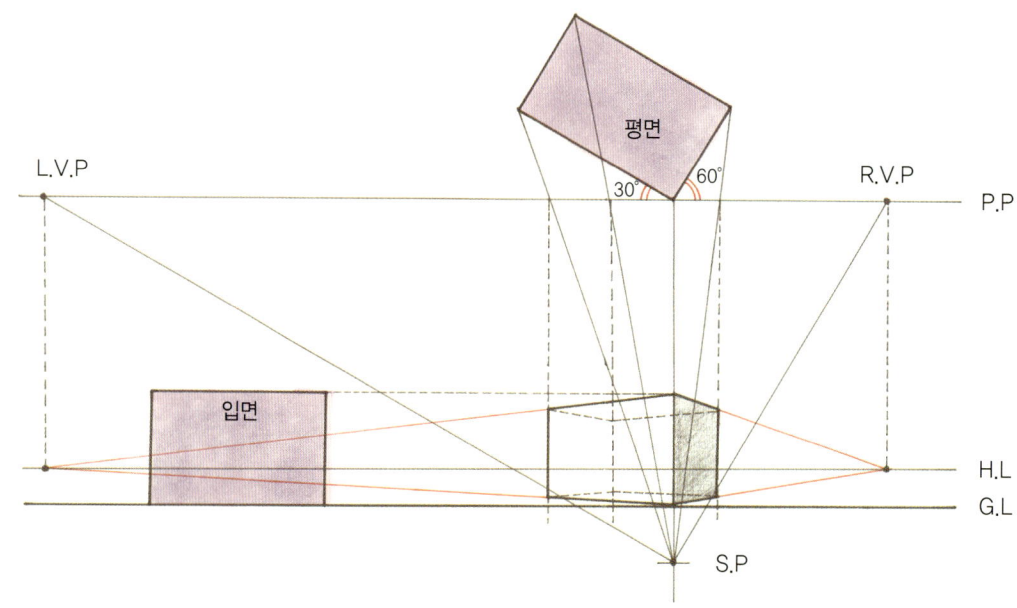

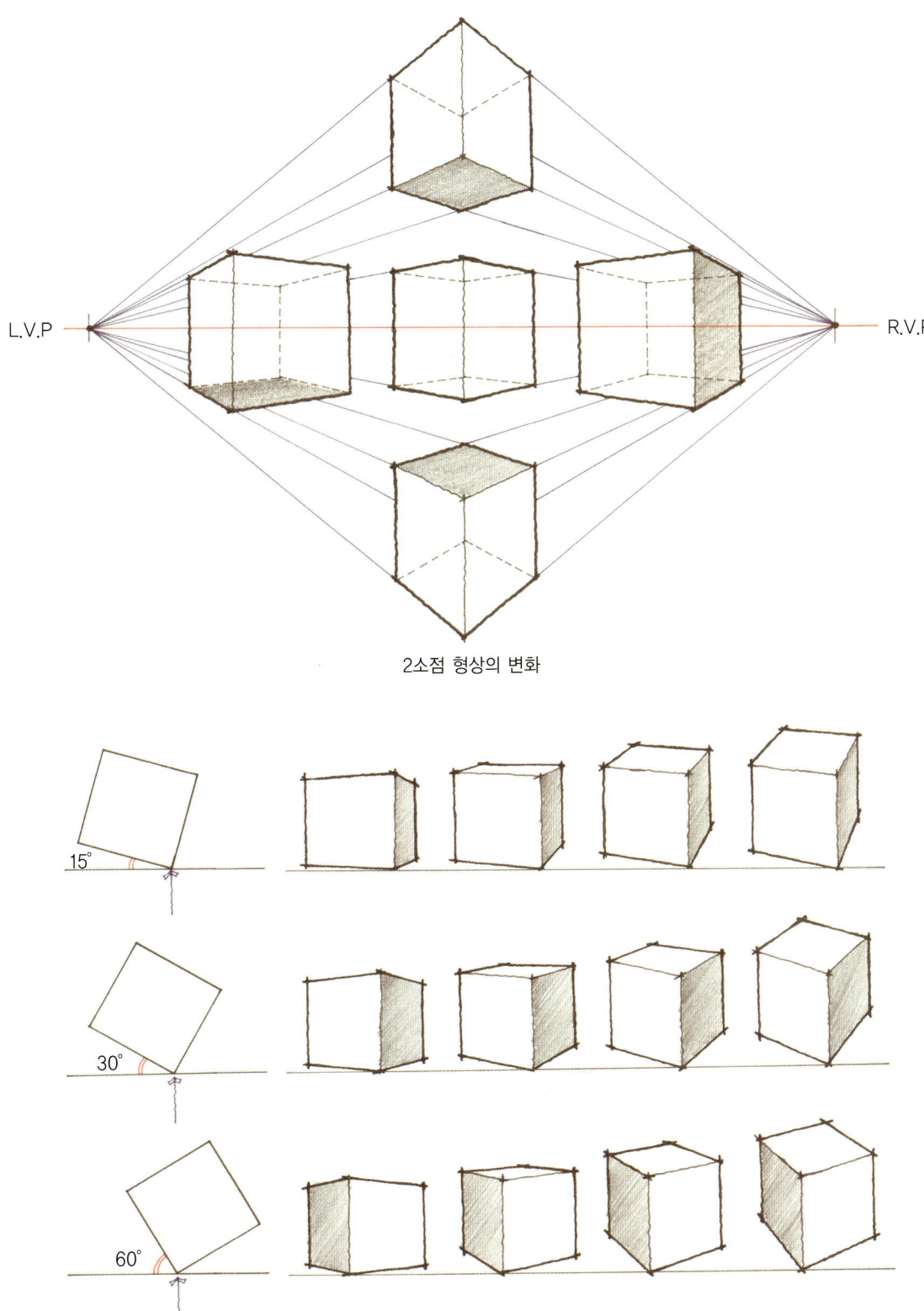

2소점 형상의 변화

☞ 육면체를 동일한 투시방향을 기준으로 하여 관찰자의 위치와 눈높이가 이동하게 되면 변화되는 육면체의 표정들이다. 상황에 따라 어떠한 비례로 모양이 달라 보이는지를 잘 관찰해 두자.

■ 건물 외관의 형태잡기 기본형(건물외관투시 간략도법)

중심 모서리를 기준선으로 하여 정육면체를 그려주되 소점의 거리는 1 : 3~4와 건물 폭의 비례는 1 : 2 정도의 비율로 잡아주면 안정적인 형태를 잡을 수 있다. 건물 면적의 증식은 수평방향은 대각선으로 증식하고, 수직방향은 눈짐작으로 하여 등거리로 증식해 준다. 항상 조심해야 할 것은 면을 증식하거나 분할할 때에도 각각의 선들은 모두가 흐름선이 되어 소점방향으로 향해야 한다는 것에 주의하자.

● 투시형태 기본형

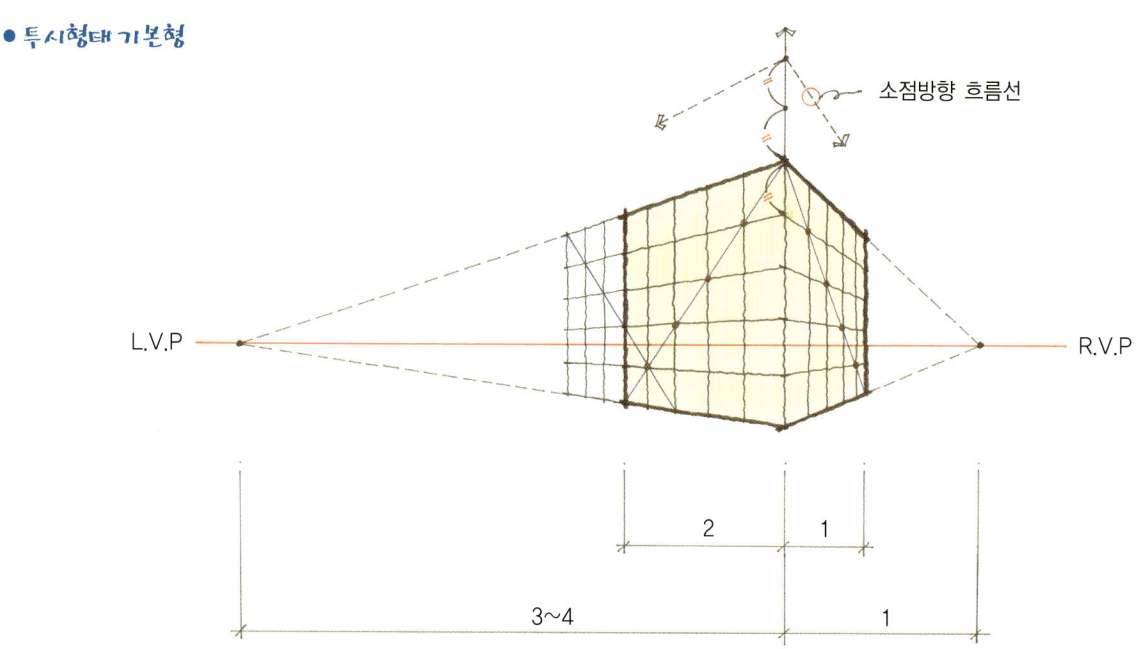

● 조감형태 기본형

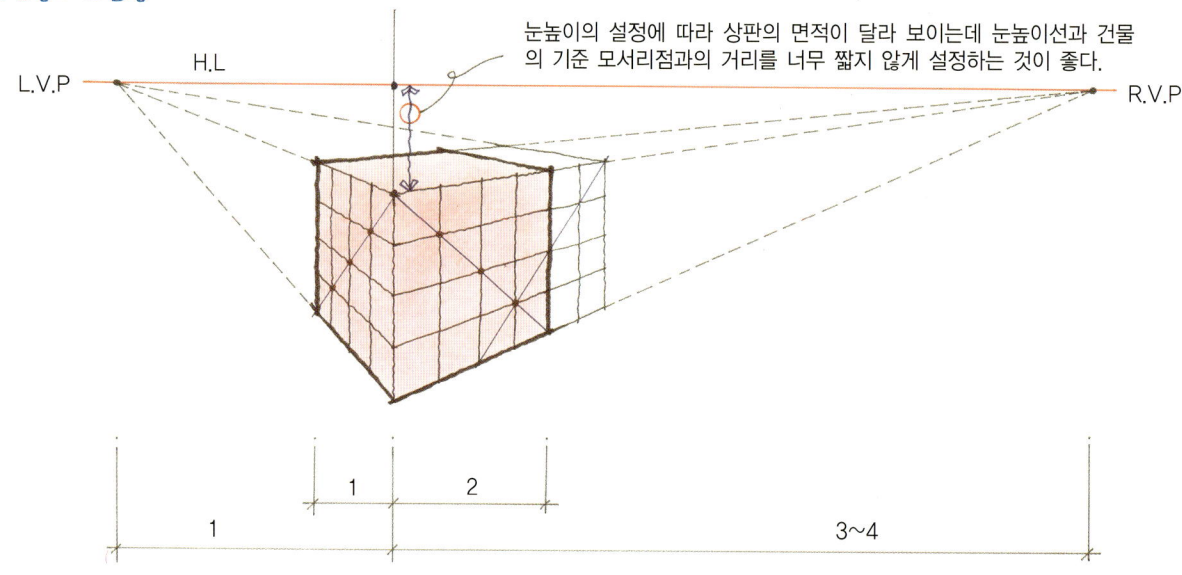

투시도법의 감각을 이용한 건물 외관의 품정 익히기

스케치에서의 투시도법은 필수적이긴 하지만 원리원칙대로 모두 적용하기에는 시간상 이미지 표현상의 손실이 많다. 따라서 우리는 도법의 기본원리를 지켜가면서 투시도의 감각을 빌어 프리핸드라는 수단을 이용해서 감각적으로 표현하는 훈련이 반복되어져야 한다. 제시된 이미지들은 주변 건물의 외관형태를 빌어 유사한 형상을 단순화시켜 만든 이미지이다. 아울러 다양한 채색을 해 보면서 마커와 더 친숙해지는 연습도 해 보자. 참고로 여기에 제시된 이미지들은 특별히 만들어진 기법은 아니며 투시도를 이해하고 적용할 줄 아는 사람이면 누구나가 만들어낼 수 있는 것이므로 여러분들은 건물 외관의 형태 및 흐름을 잡는 연습용으로 활용하기 바란다.

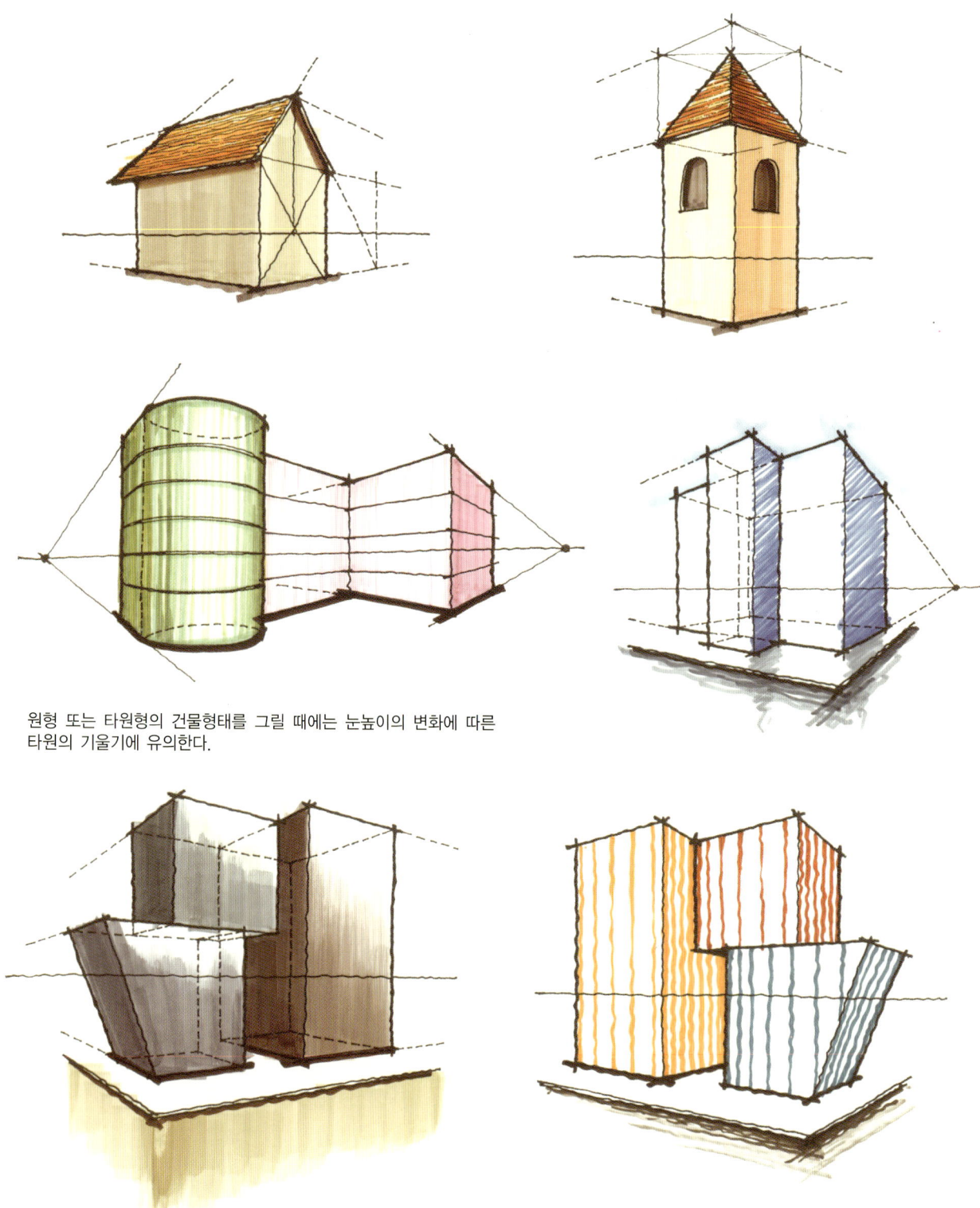

원형 또는 타원형의 건물형태를 그릴 때에는 눈높이의 변화에 따른 타원의 기울기에 유의한다.

박스형태가 여러 개 겹쳐있는 경우 보이지 않는 내부의 형상을 투시할 수 있는 감각이 필요하다.

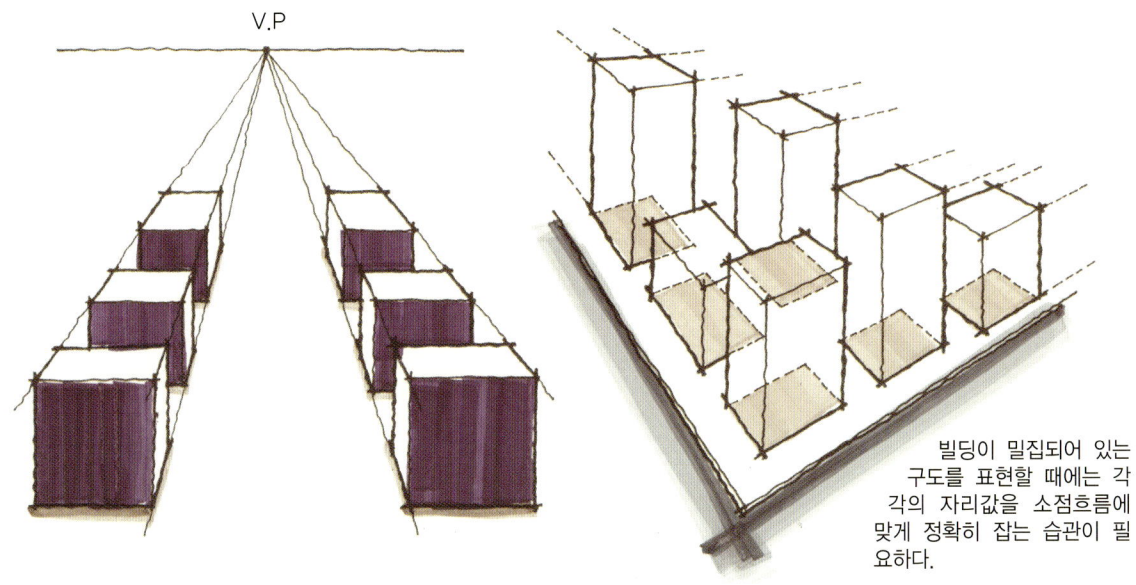

빌딩이 밀집되어 있는 구도를 표현할 때에는 각각의 자리값을 소점흐름에 맞게 정확히 잡는 습관이 필요하다.

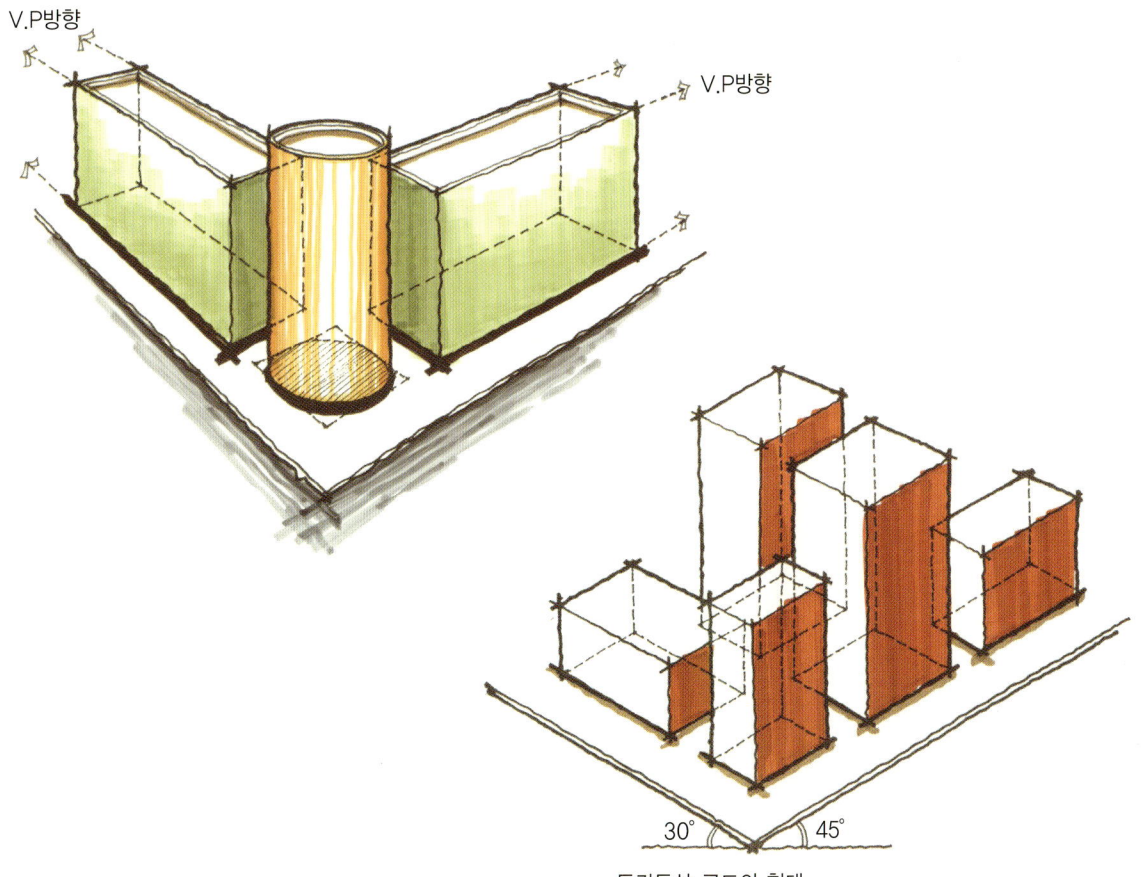

등각투상 구도의 형태
(모든 선이 양방향으로 평행하다.)

지붕형태 알아보기

건축 양식에 사용되는 몇 가지 지붕의 형태를 모아 보았다. 전체적인 육면체의 틀에서 만들어지지만 입체적인 표현에는 전체 형태의 흐름과 보이지 않는 내부의 투시선을 잡아낼 수만 있다면 박스와 등분의 도움이 없이도 충분히 그려낼 수가 있을 것이다.

| 조감 형태 | 투시 형태 |

박공지붕

모임지붕

합각지붕

방형지붕

멘샤드지붕

투시도법의 감각을 이용한 내부 공간의 표정 익히기

■ 1소점 내부 투시 구도의 기본형태

실내 투시도의 1소점법은 주어진 평면의 면적을 적용하기 위해 면적이나 스케일을 측량하기 위한 측량점을 설정하게 된다. 물론 여기에 소개되는 도법은 약식 도법이며 비율적으로 거리를 측량해서 평면의 바닥면적을 만들게 된다. 건물의 외관투시에서도 마찬가지지만 실내 내부공간에서도 원근의 비례를 위해 그리드를 설정하게 되는데, 설정된 측량점에서 바닥 모서리를 기준으로 대각선을 그어주면 원근감 있는 거리값이 만들어지게 된다. 이러한 비례값을 안다면 실제 스케치를 할 때는 그리드를 적용하지 않고 감각으로 입체적인 표현을 할 수 있는 것이다.

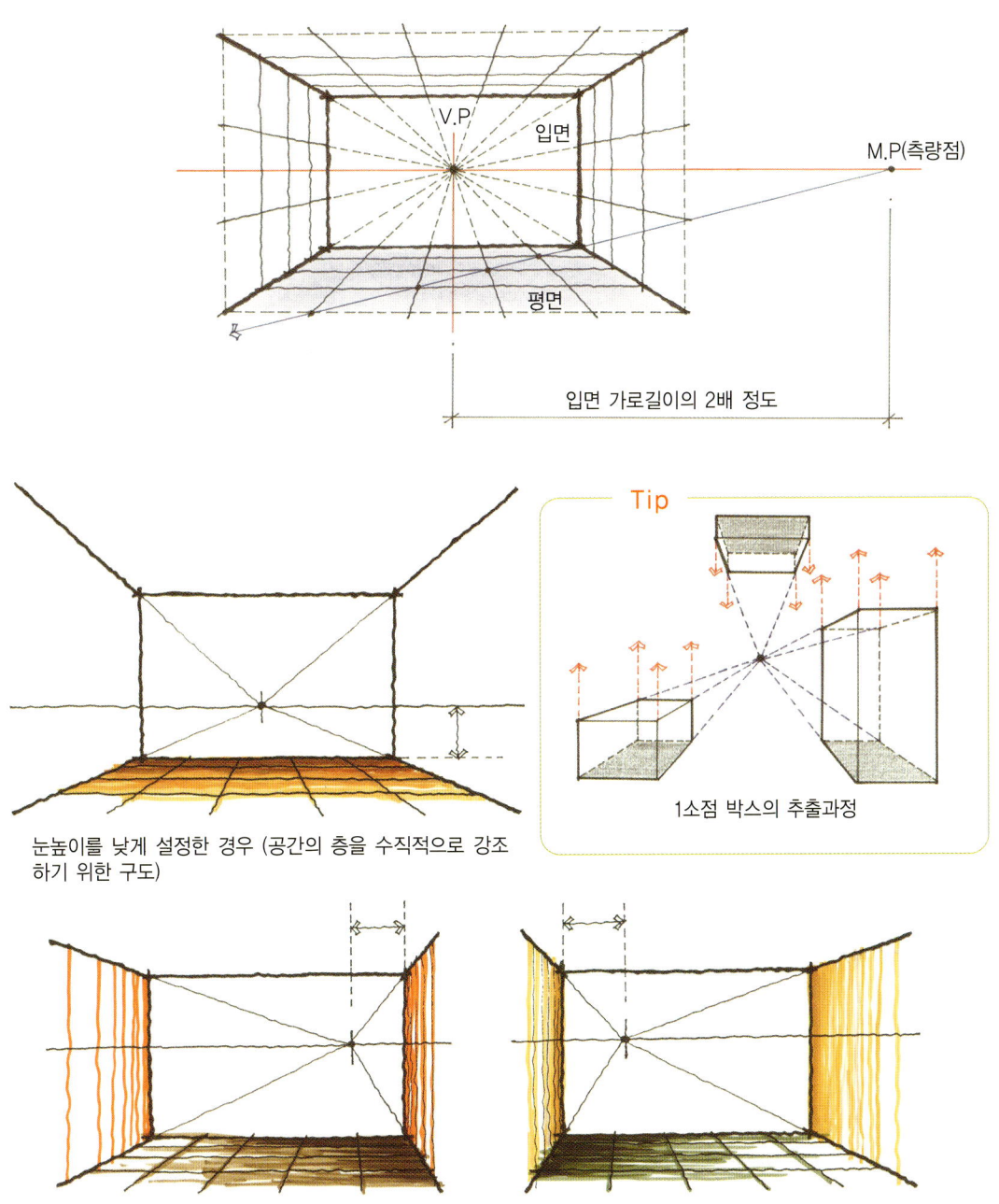

눈높이를 낮게 설정한 경우 (공간의 층을 수직적으로 강조하기 위한 구도)

1소점 박스의 추출과정

소점의 위치를 좌 또는 우측으로 근접하게 설정한 경우(한 쪽의 벽면의 디자인적 요소를 강조해 주기 위해 사용되는 구도)

1소점 형태 내부 공간의 다양한 모습들을 연습해 보자.

바닥의 그리드는 생략해도 무관하다. 여기서 중요한 것은 소점방향으로 흘러가는 흐름선을 제대로 잡아야 한다는 것이다(2소점도 마찬가지이다). 펜작업을 할 때에는 벽, 바닥, 천정이 접하는 경계선과 돌출부의 외곽선을 굵게 처리하고, 마커 터치를 할 때에는 공간의 깊이감을 위해 선의 간격 조절로 효과를 내주고, 바닥면에는 물체나 기타 기둥 같은 구조체가 비치는 이미지를 만들어 준다.

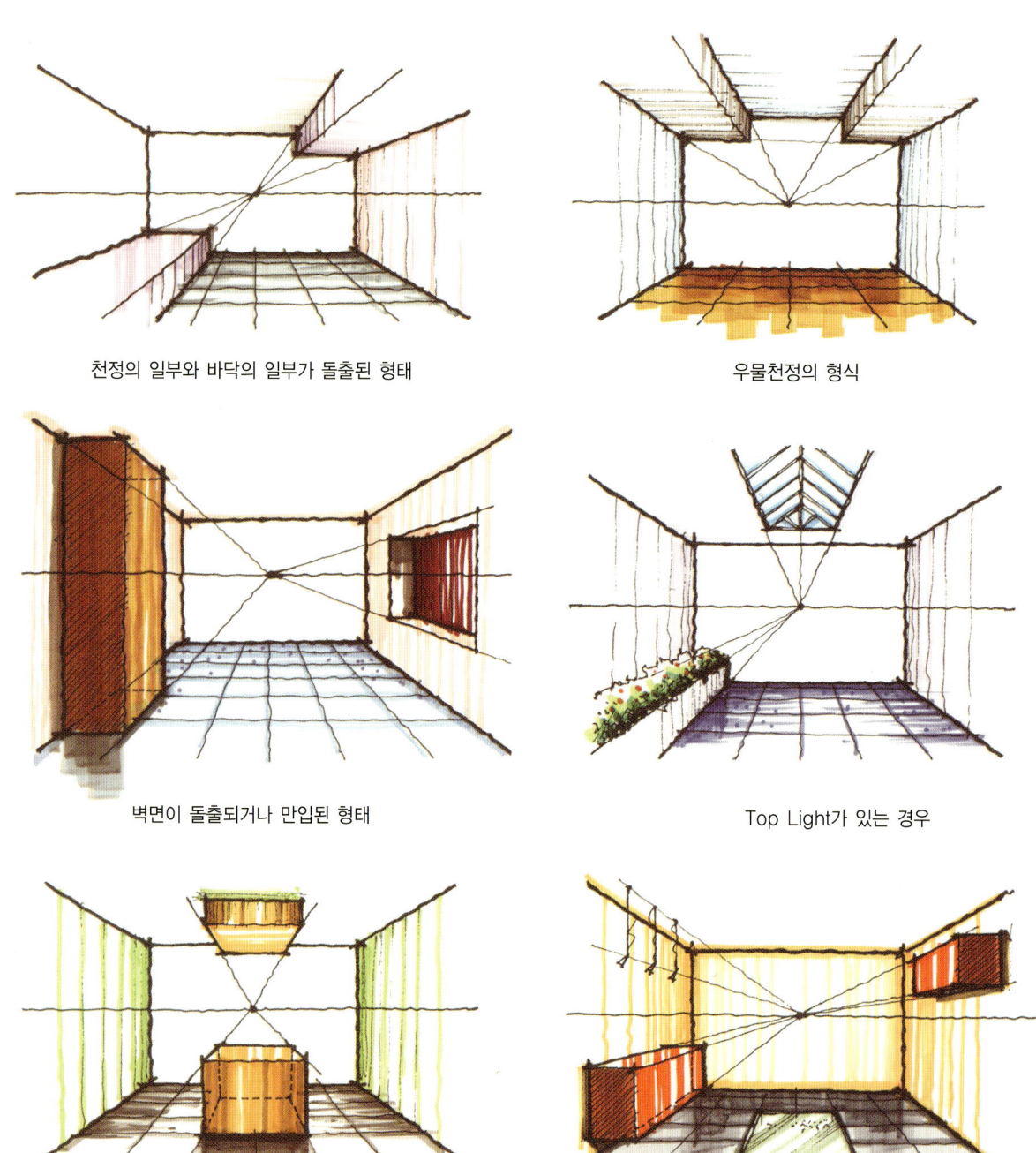

천정의 일부와 바닥의 일부가 돌출된 형태

우물천정의 형식

벽면이 돌출되거나 만입된 형태

Top Light가 있는 경우

디스플레이 테이블과 조명박스가 있는 경우

벽면 하부와 상부에 수납가구가 부착된 경우

참고로 여기에 제시된 실내 이미지들도 특별히 만들어진 기법은 아니며 투시도를 이해하고 적용할 줄 아는 사람이면 누구나가 만들어낼 수 있는 것이므로 여러분들은 실내 내부의 구도를 잡는 연습용으로 활용하기 바란다.

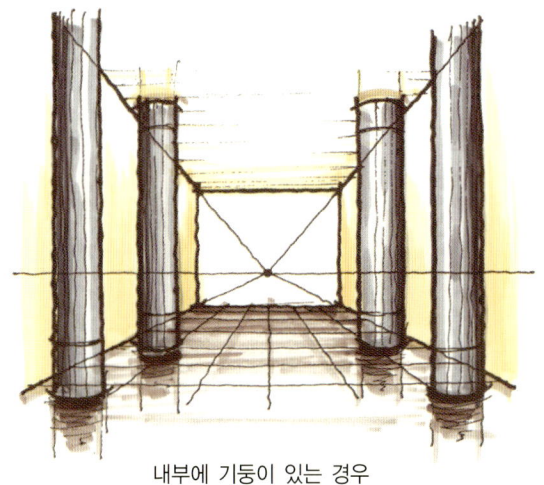

내부에 기둥이 있는 경우

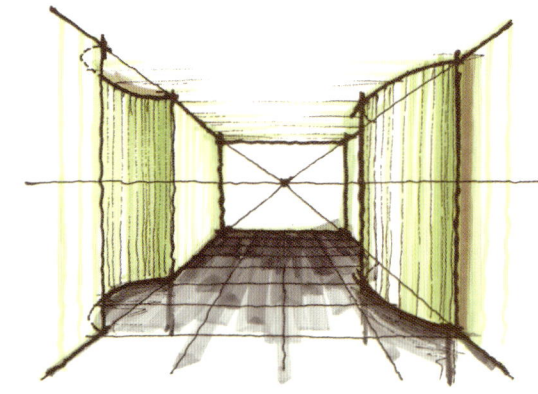

벽면이 곡면으로 만입되거나 돌출된 경우

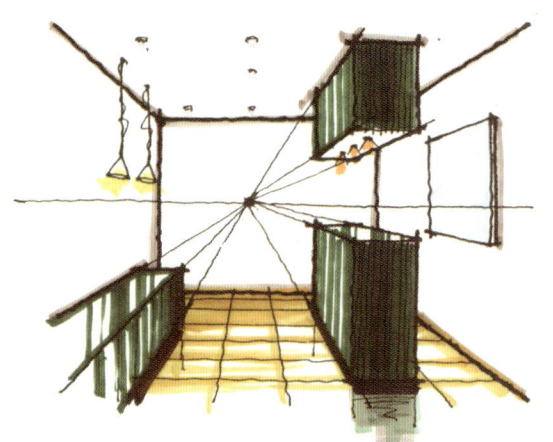

인포 데스크가 있는 구도

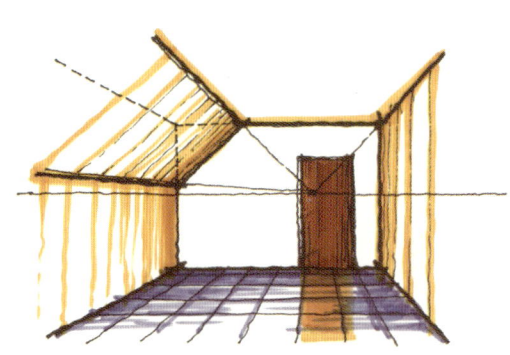

벽과 천정이 경사지게 이어진 공간

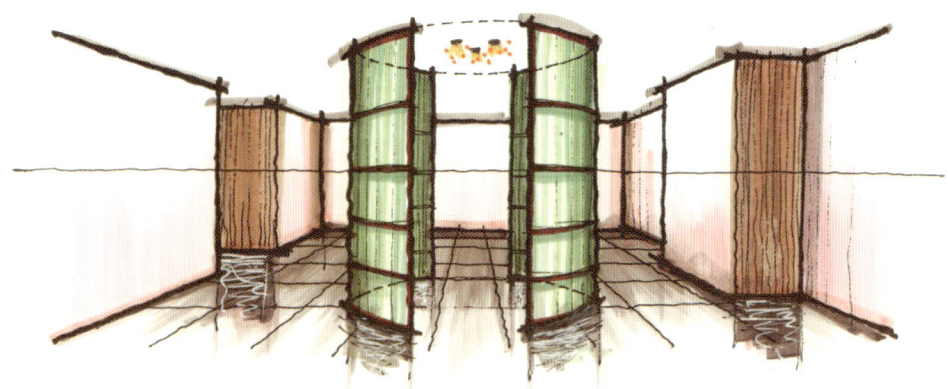

홀 중앙에 장식적인 파티션이 설치된 경우

■ 2소점 내부 투시 구도의 기본형태

2개의 소점이 형성되는 2점 투시에서는 입체물의 형상이 모서리를 기준으로 만들어진다. 1소점과는 다르게 소점의 거리가 멀수록 안정적인 구도가 형성되므로 제한된 지면에서 그릴 때에는 흐름선을 잡아내는 감각이 더 절실하게 요구된다. 바닥에 그리드를 설정할 경우에는 벽면의 대각선 분할을 이용하여 측량된 눈금을 연결하여 만들어주면 된다.

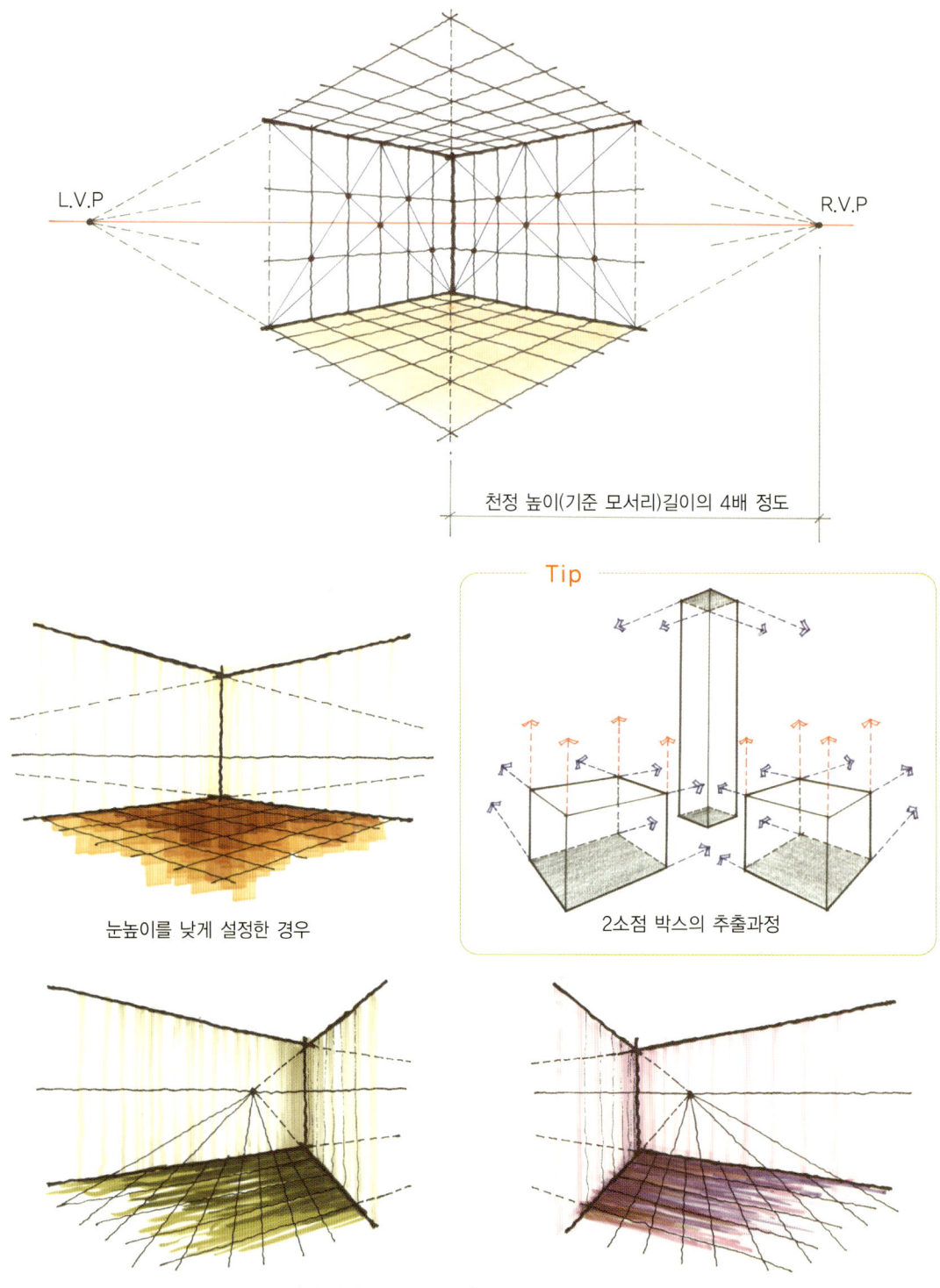

천정 높이(기준 모서리)길이의 4배 정도

눈높이를 낮게 설정한 경우

Tip

2소점 박스의 추출과정

소점의 위치를 좌 또는 우측에 편중되게 설정한 경우

2소점 형태 내부 공간의 다양한 모습들을 연습해 보자.

실제적으로 인테리어의 사진 컷이나 실무적인 스케치에서는 주로 2소점 형태의 구도가 많이 적용된다. 1소점 구도보다 훨씬 더 입체적인 시각효과가 있고 공간을 이해하고 설명하는데 효과적인 구도이기 때문이다.

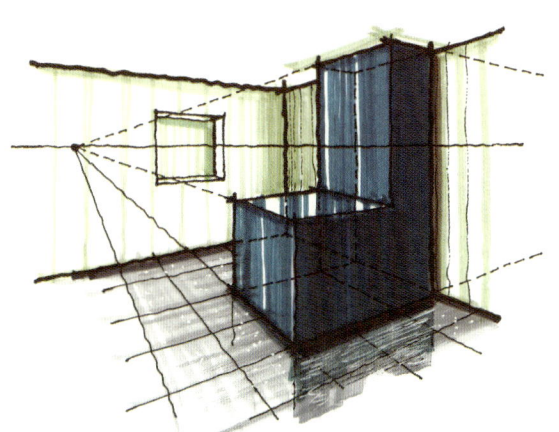

한쪽 소점거리를 짧게 설정하여 대상 물체를 확대 강조하는 경우

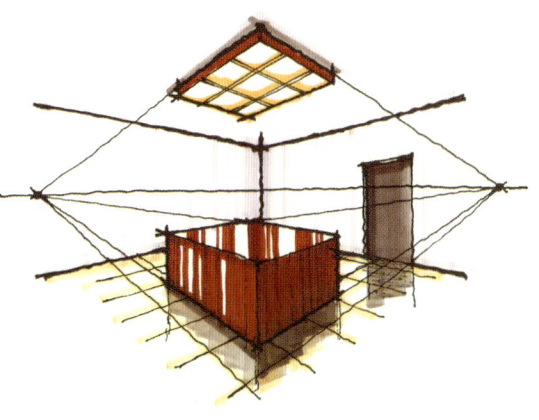

2개의 소점거리를 짧게 설정하여 중앙에 있는 물체를 의도적으로 왜곡시킨 경우

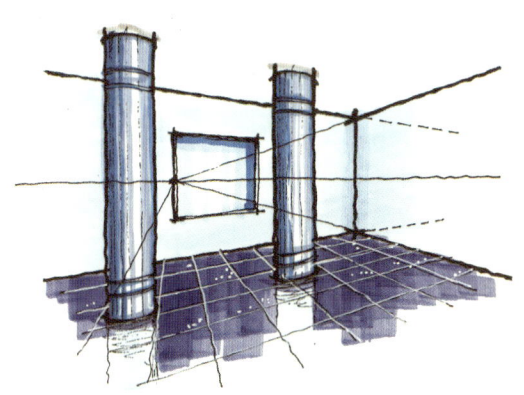

내부에 기둥이 있는 경우

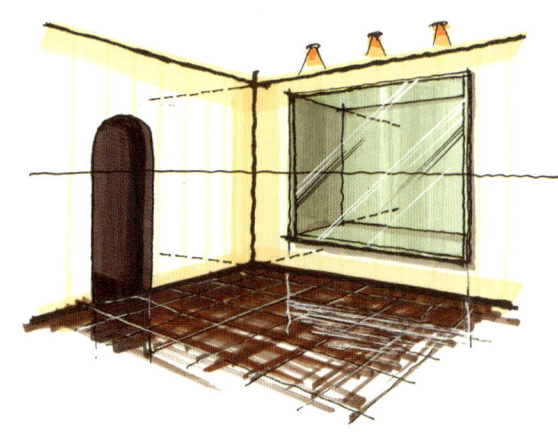

오픈된 개구부와 벽을 가벽으로 돌출시켜 쇼윈도를 꾸민 경우

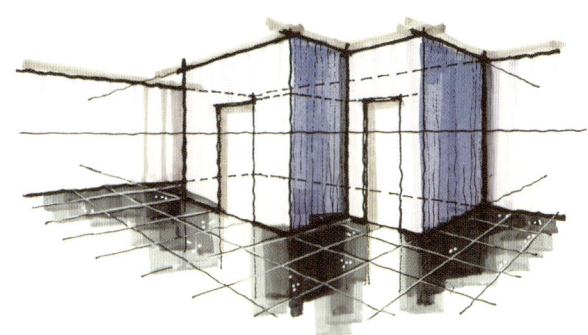

연속된 실이 이어진 경우의 구도

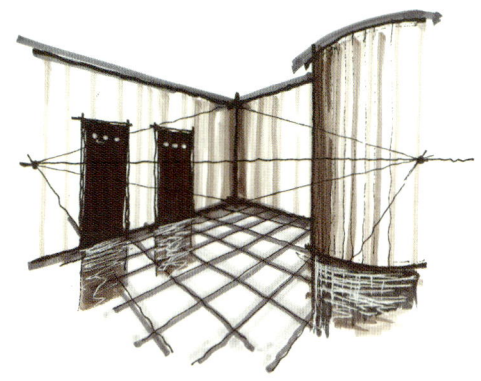

공간의 일부가 곡면의 벽으로 구획된 경우

건축, 인테리어 스케치 응용기법

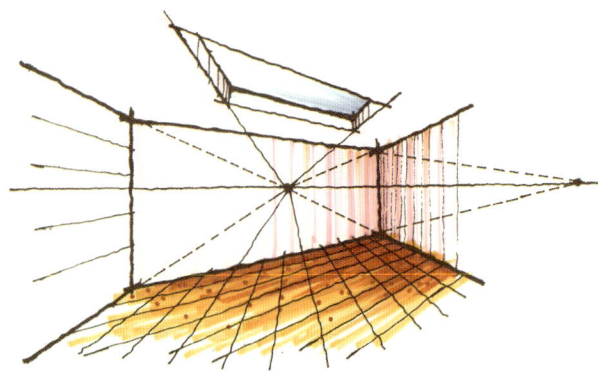

1소점을 변형시킨 2소점(실의 폭이 긴 경우 적용)

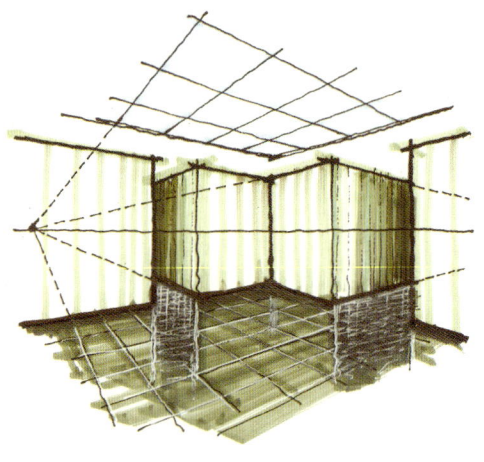

구획된 벽들로 인해 통로가 만들어지고 천정은 건축화 조명으로 만들어진 형태

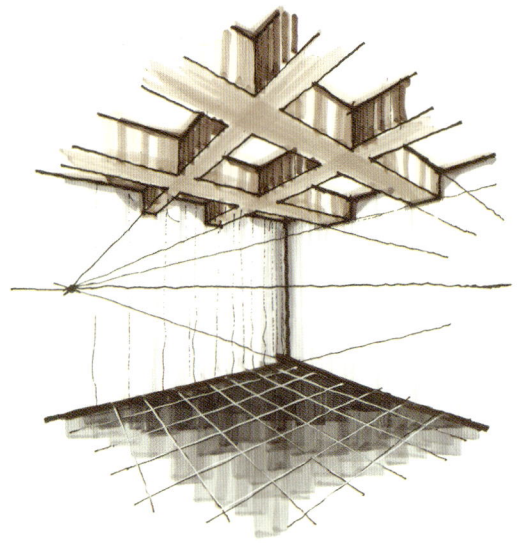

천정면에 구조물(보 등)이 노출된 경우

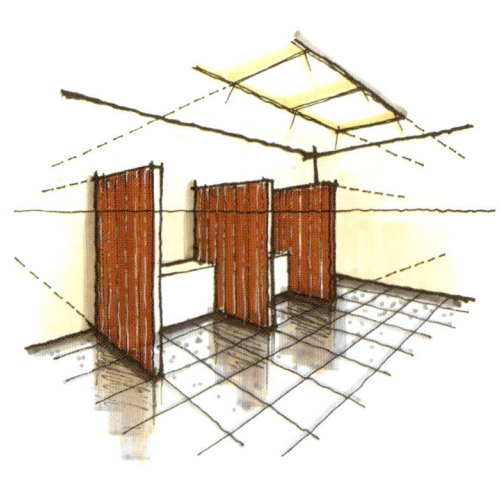

파티션으로 구획된 공간의 구도

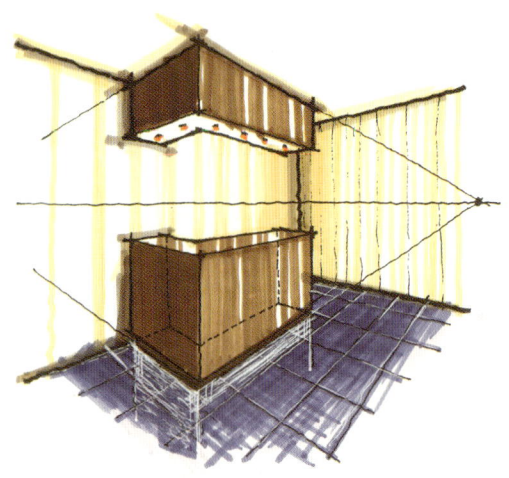

카운터와 조명박스가 있는 경우

계단이 설치되어 있는 구도

투영도법 알아보기

투영도(축측투영도)에는 엑소노메트릭(부등각투영도)과 아이소메트릭(등각투영도)이 있는데, 보통 건축이나 인테리어의 프리젠테이션에서 주로 사용된다. 소점(VP)에 의해 작도되는 투시도와는 달리 퍼스펙티브 라인이 존재하지 않고 단순이 각을 설정하여 평행한 선으로만 그려지기 때문에 공간의 긴장감이 없고 투시도법의 방식도 없어 단순히 자의 이동을 통해서 실 치수대로만 움직여 작도하게 되므로 편리한 방법이다. 아파트의 실 단위 배치나 모듈플랜의 레이아웃 등에도 사용되는 방법이다. 이러한 투영도법을 사용하여 우리가 스케치를 하게 된다면 전체적인 도면을 입체화시키는 것보다는 부분적인 소규모 공간, 또는 가구나 집기의 디테일을 위한 투상도 정도만 그려낼 수 있으면 족하다.

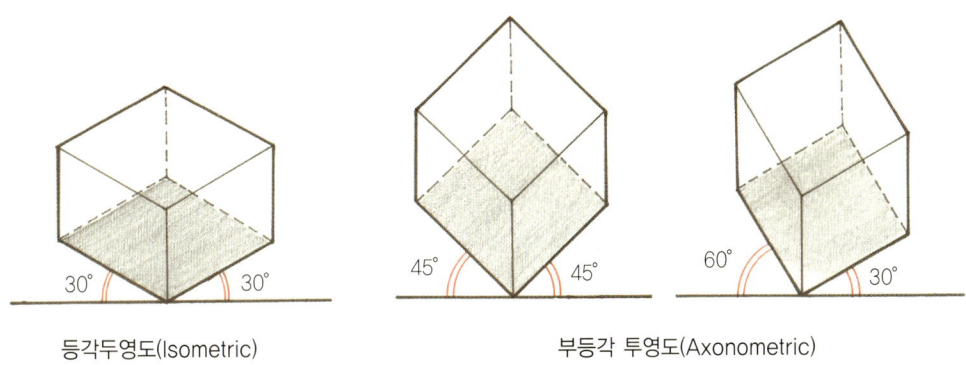

등각투영도(Isometric)   부등각 투영도(Axonometric)

투영도에 그리드 니트를 표현한 사례

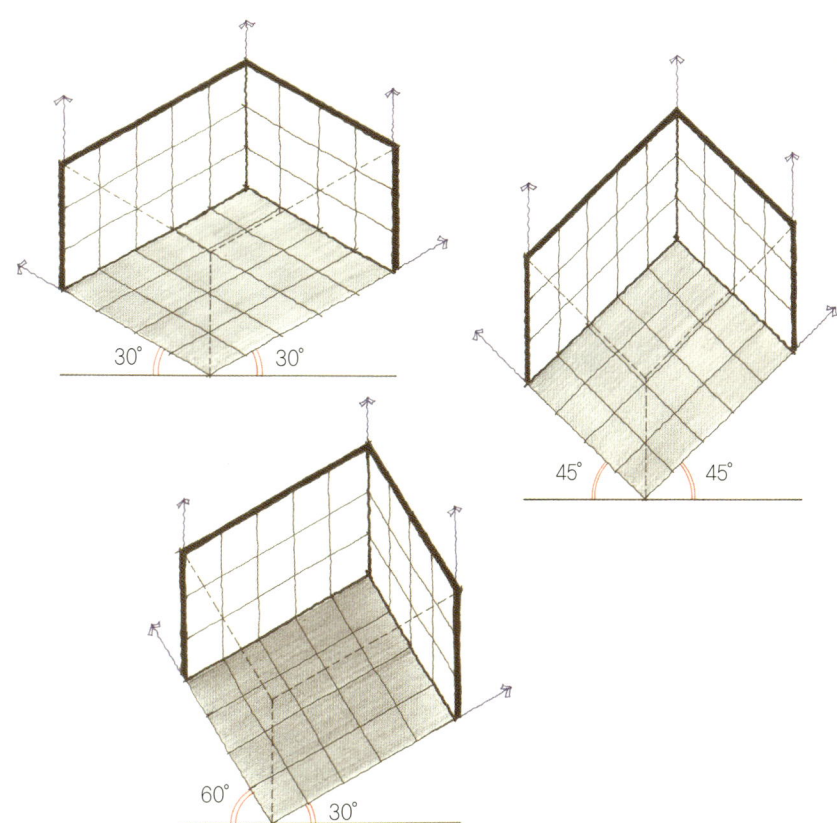

Isometric의 각도 순서

투영도 중에 가장 안정적인 구도로 보여지는 Isometric을 그려보자.

투시 기준점

주어진 평면 그리드의 규격은 600*600mm, 벽 높이는 1.8m에서 절단, 기둥이 있고 물체의 높이는 500mm이다.

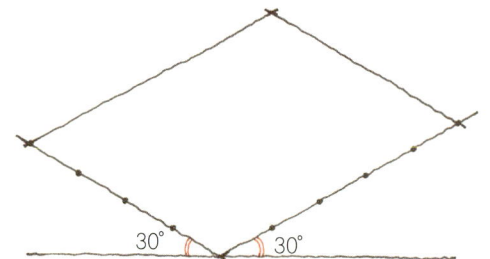

1단계 : 평면의 기준 모서리를 축으로 수평선을 그어 양쪽에 각도를 설정하여 배치하고 실치수대로 측량점을 잡아준다.

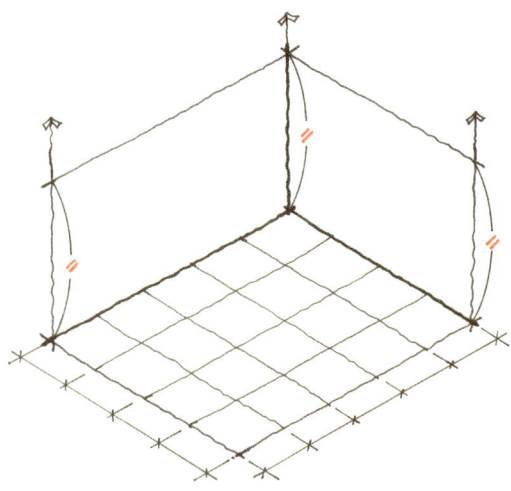

2단계 : 벽의 실제 높이를 설정하여 각 면을 평행하게 연결해 주고 바닥에 그리드를 만든다.

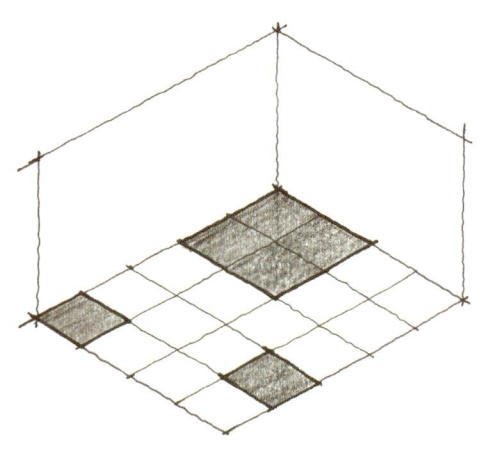

3단계 : 바닥에 물체와 구조체의 자리값을 잡아준다.

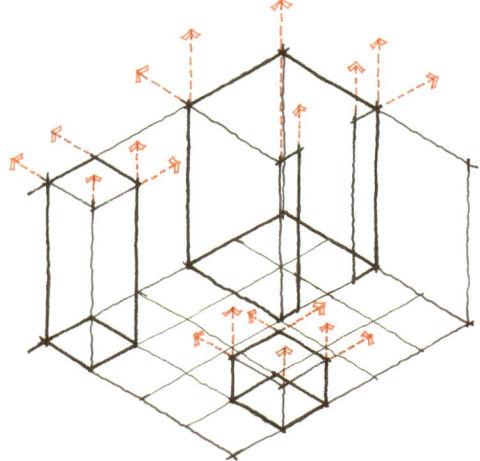

4단계 : 각 자리값의 모서리에서 수직으로 보조선을 올려주고 높이를 측량한 선과 만나는 교점에서 각도의 방향에 맞추어 좌우로 평행하게 선을 그어주면 형태가 만들어진다.

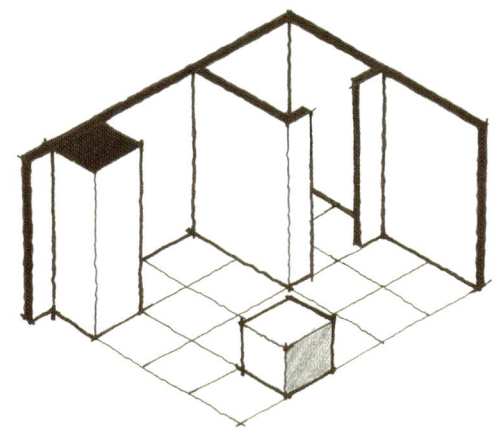

5단계 : 외관으로 보여지는 윤곽을 잡아주고 벽체의 단면을 해칭해 준다(완성).

제시된 평면은 아파트의 단위세대 평면도이다. 엑소노메트릭으로 표현된 이미지는 보통 CG에서 프리젠테이션을 위해 사용되는 형태이지만, 다른 투시도법에 비해 작도가 쉬우므로 손으로 표현하는 것이 오히려 간단하고 쉬운 도법이다. 물론 이미지의 전부를 다 그릴 필요는 없다. 컴퓨터로 보여줄 수 없는 상황이고, 실무자라면 어느 정도의 부분 이미지는 즉석에서 스케치로 보여주고 설명할 수 있을 정도의 표현기술은 있어야 할 것이다.

단위세대 평면

엑소노메트릭으로 표현한 이미지 사례

Axonometric

Chapter 03

공간과 형태의 구도 잡아내기

이번 단원에서는 이미 습득된 기본적인 스케치의 표현 테크닉과 퍼스펙티브(Perspective)의 감각적인 훈련을 바탕으로 하여 공간과 형태의 구도와 결과물을 완성해 가는 과정을 연습해 보기로 한다. 여기에 수록된 예제는 원칙적인 투시도법도 간략도법도 사용하지 않았다. 다만 투시도의 기본원리는 지켜주되 비례적인 눈의 감각과 손의 터치로 결과물을 만들어 가는 과정을 설명한다. 이미 완성된 결과물을 보고 그 평면을 유추해 보며 전체의 덩어리나 공간을 비례적으로 잡아내고 또 등분선 없이 분할/증식도 해 보는 감각의 훈련과정이라 생각하면 될 것이다. 또한 밑본 작업에서 최종적인 컬러링까지를 순차적으로 나누어 보여주고 있다. 이제는 감각에 의존하자. 자신이 그려놓은 결과물을 놓고 어디가 잘못되었는지를 찾아낼 수 있다면 여러분의 감각은 이미 전문가의 수준에 오른 것이다.

필자가 여러분에게 강조하고 싶은 것은 늘 기본에 충실하라는 것이다. 능숙한 솜씨로 스케치를 구사하고 싶다면 꾸준히 관찰력을 키우고 도면과 공간에 대한 예측력을 기르며 끊임없이 그리고 또 그려보라는 것이다. 효과적이고 맵시 있는 스케치는 결코 단시간에 만들어지는 것이 아니다. 이 책은 이미 초급과정의 기초를 익힌 중급자를 위해 만들어졌다. 따라서 이 책으로 공부하는 독자들 가운데 기초적인 부분에서 다소 부족함을 느끼는 독자라면 기초 필수 내용이 수록된 스케치 기초 교재 Story 1을 참조하길 바란다.

건축 외관의 형태 잡아내기
■ 건물 외관 스케치 감각적으로 그려보기 1 (투시형태)

시점

주어진 이미지를 통해 평면을 개략적으로 추정해 본다.

필자의 한마디…

이미 도법적인 구도나 원리를 습득한 여러분들은 이제 본인의 감각에 의해서 대상물을 표현해 보는 연습을 해봐야 한다. 얼마만큼 자신의 관찰력과 눈대중이 발달되어 있는지를 테스트해 보고, 또한 결과물을 놓고 평면을 유추해 내는 감각과, 반대로 설계된 평면을 놓고 예상하는 전체의 형상을 만들어 내는 훈련이 필요하다. 실무자나 전공자들에게 필요한 건 바로 이러한 구상의 표현능력을 갖추는 것이 중요하기 때문에 스케치의 능력이 필요한 것이다.

1단계 : 우선 건물의 이미지를 관찰한 후 처음 시작의 기준이 되는 투시형의 육면체를 그린다. 건물의 기울기(흐름)를 위 아래로 보내보면 소점거리가 짧은 쪽에서 눈높이 선을 쉽게 찾을 수 있다.
전체를 한 덩어리로 잡은 후 등분비율에 의해서 면을 나눌 수도 있겠지만, 감각적인 비례감을 적용해서 육면체를 증식해 보자(이 단계가 가장 중요하다.).

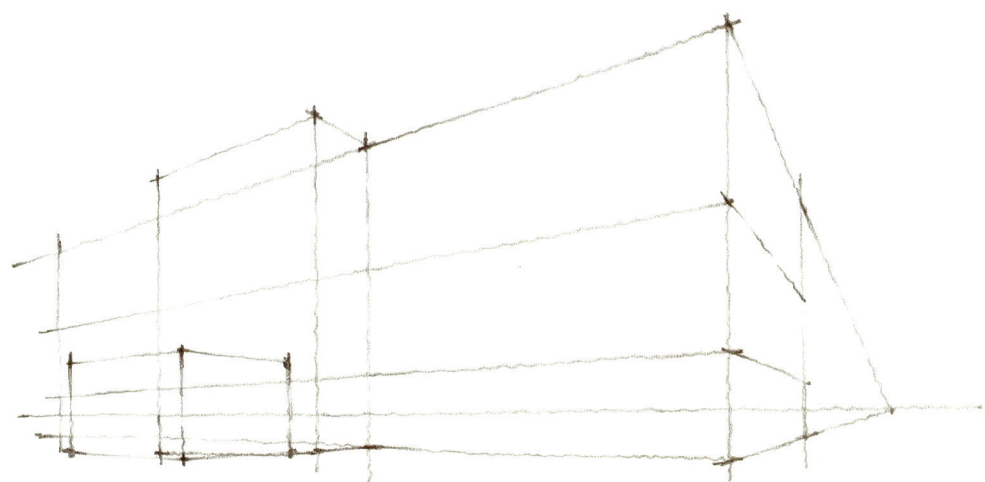

2단계 : 기본 육면체에서 수평방향으로의 증식을 위한 보조선을 연장하고 건물 중심부의 돌출된 부분과 주출입구 캐노피 부분의 박스 형태를 층의 높이를 고려하여 비례적으로 잡아준다. 이때 층이 나누어지는 등분선도 함께 소점방향 흐름선을 의식하며 잡아준다.

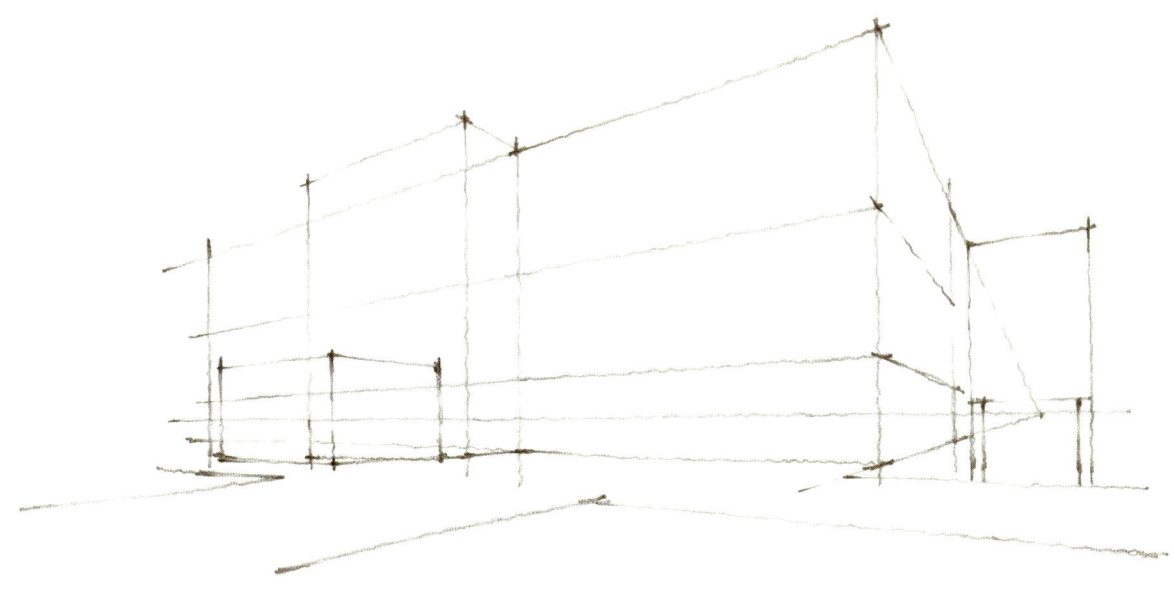

3단계 : 전체 건물의 윤곽이 잡히면 가로구획을 위한 보조선을 잡는다. 투시형태에서 노면의 폭은 넓게 보이지 않기 때문에 가능한 좁게 잡아주되 건물의 가장 전면에 돌출부(여기서는 주출입구 부분)를 기준으로 노면의 폭을 결정하면 된다.
연필본의 밑그림은 여기까지만 잡는다(펜이 익숙한 사람은 연필 과정을 생략해도 된다.).

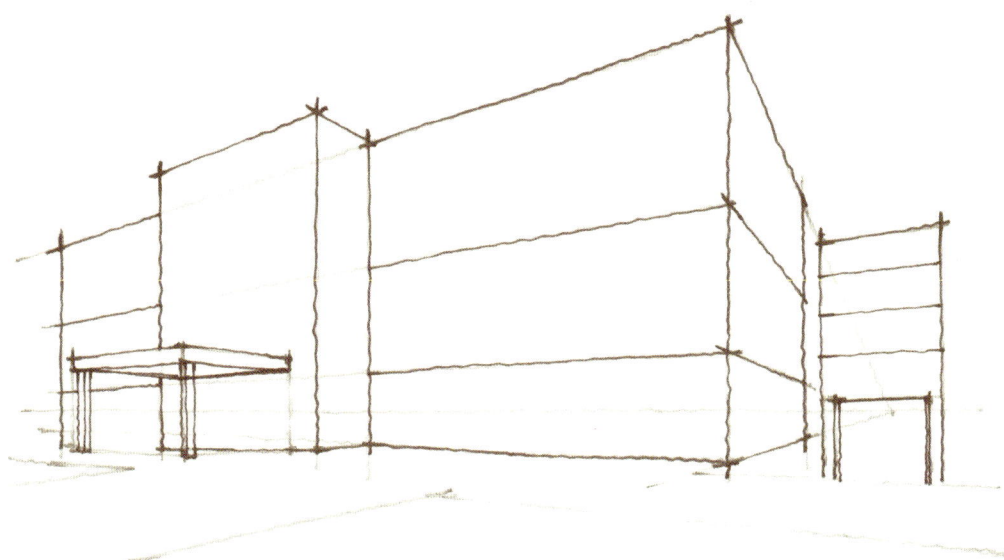

4단계 : 펜을 사용하여 건물 전체의 윤곽선을 잡아준다. 층이 구분되어지거나 표면 외장재의 선이 분명한 경우에도 그 선을 같이 잡아준다. 주출입구 캐노피 부분은 눈높이에 근접되어 있는 형태이므로 선을 그어줄 때 흐름선을 놓치지 않도록 주의한다.

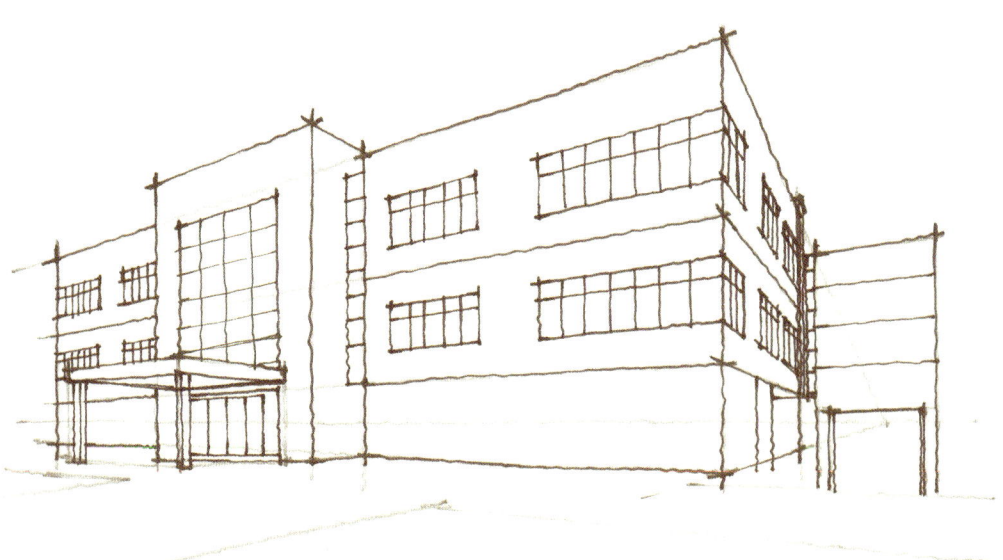

5단계 : 창호와 출입구를 그려주고 각각의 구획된 선들을 만들어준다. 창이 선대에 의해 나누어지는 선들을 잡을 때는 원근감 있게 먼 쪽은 좁고 가까운 쪽은 넓게 잡아주어야 함을 잊지 않도록 한다.

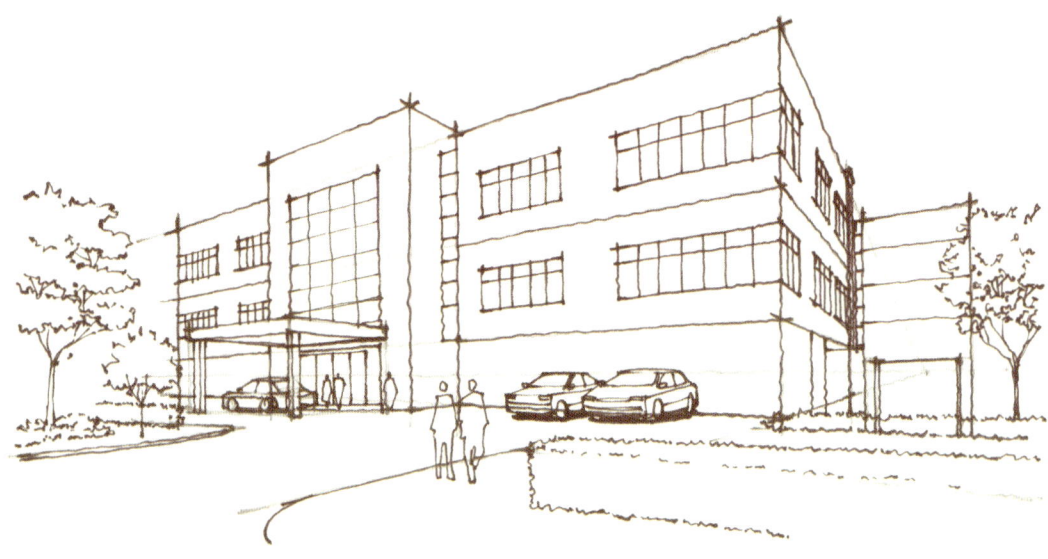

6단계 : 건물 외관의 펜작업이 완성되면 이제 주변경관(점경물 등)을 그려준다. 세부적인 형태 잡기나 렌더링을 하기 전에 미리 점경물을 그려주는 것이 스케일감을 조절하는데 필요한 작업이다.

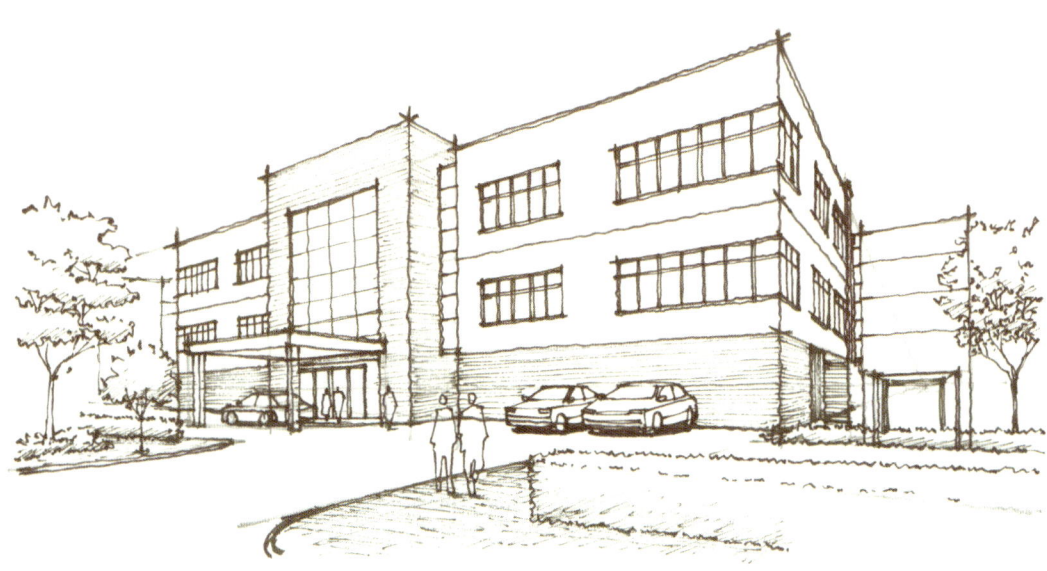

7단계 : 전체의 이미지가 완성되면 건물의 외곽선과 돌출된 부분, 그리고 덩어리와 덩어리 사이의 경계선들을 굵은 선으로 처리해 준다(입체적인 효과를 위해).

8단계 : 마지막으로 표면 외장재(벽돌)의 질감이나 최소한의 명암, 그림자 등 필요한 렌더링을 해주고 마무리한다(펜 작업 완성).

● 채색단계

채색 1단계 : 펜 작업이 완성되면 이제 마커로 채색을 시작한다. 물론 채색의 도구가 마커가 아닌 다른 것이어도 표현만 가능하다면 상관은 없다. 먼저 건물을 시작으로 표면 외장재의 베이스컬러(선택한 계열의 색 중 가장 연한 색)를 칠해준다. 좌우측의 매끄러운 벽면은 넓은 팁을 사용해 마커를 날리듯이 부드럽게 칠해주고, 벽돌로 마감된 부분은 뾰족한 팁을 사용해 흰 여백을 남겨두며, 벽돌의 줄눈방향으로 간헐적으로 터치한다.

채색 2단계 : 베이스 컬러로 선택된 계열의 색을 사용해 점차 진한색으로 농도를 높여가며 터치한다. 유리의 표면은 수직으로 칠하되 빛에 가까운 건물의 상부는 반사가 심하므로 밝게 칠하고 하부로 내려 올수록 광원에서 멀어지고 맞은 편의 건물이나 점경물들이 비춰지므로 점차 어둡게 칠해준다. 내부의 조명효과를 주고자 한다면 화이트 펜으로 유리의 상부에 점이나 선으로 표현해 준다.

채색 3단계 : 건물의 전체적인 컬러링이 완성되면 주변경관(점경물 등)을 베이스컬러로 먼저 칠해주되, 그늘이나 그림자가 지는 쪽 위주로 간략하게 터치해 준다.

건축, 인테리어 스케치 응용기법

채색 4단계 : 주변 점경물들을 단계적으로 색을 진하게 조절하여 터치해 주고 명암을 처리해 준다. 인물은 건물 외관의 색에 시각적인 분산효과를 주기 때문에 색을 칠해주지 않는다.

채색 5단계 : 마지막으로 빛에 가려지는 부분의 명암과 그림자를 어둡게 처리하고 도로와의 경계부분과 건물이 도로에 비치는 효과를 주어 건물의 강조되는 이미지를 부각시킨다.

■ 건물 외관 스케치 감각적으로 그려보기 2 (조감형태)

이번에는 조감형의 건물을 그려보자. 투시 형태와 마찬가지로 건물의 이미지를 통해 개략적인 평면을 유추해 보고 전체의 덩어리의 시작 기준이 되는 박스를 먼저 소점 흐름에 맞게 비례적인 형태를 잡아보자. 앞서 말했듯이 처음 잡는 박스의 형태가 전체 이미지의 균형을 좌우하게 되므로 첫 단계가 아주 중요하다는 것을 기억해 두자.

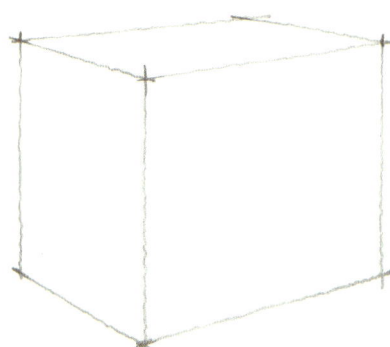

시점

건물 이미지를 통한 개략적인 평면을 추정해 본다.

1단계 : 눈높이의 설정이 그다지 높지 않은 조감형태의 건물 이미지이다. 기울기의 각을 완만하게 하여 비례적인 육면체를 그린다. 조감형태는 투시형에 비해 소점의 거리가 비교적 멀기 때문에 흐름선의 경사를 급하게 설정하면 형태가 왜곡되므로 주의한다. 즉, 육면체의 상판의 면을 넓게 그리게 되면 정상적인 소점의 거리가 만들어지지 않기 때문이다.

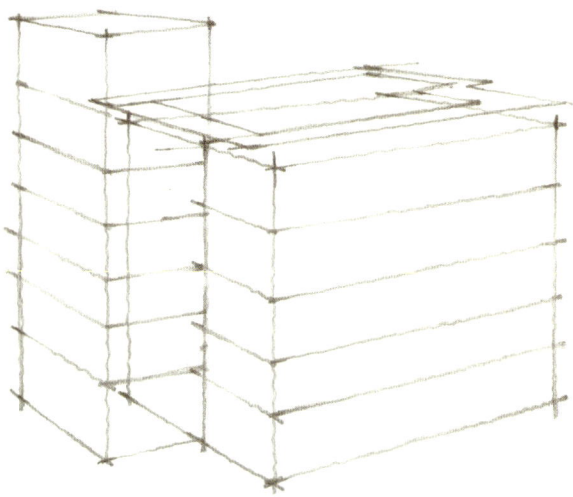

2단계 : 측면에 돌출된 구조물도 비례적인 등분과 증식의 감각을 이용하여 박스를 만들어주고 층의 구분을 위한 등분선도 소점방향 흐름을 의식하며 그어준다. 건물 옥상부분의 캐노피는 처음 기준이 되는 건물의 박스보다 약간 넓은 비율로 하여 차양을 만들 듯이 모양을 잡아준다.

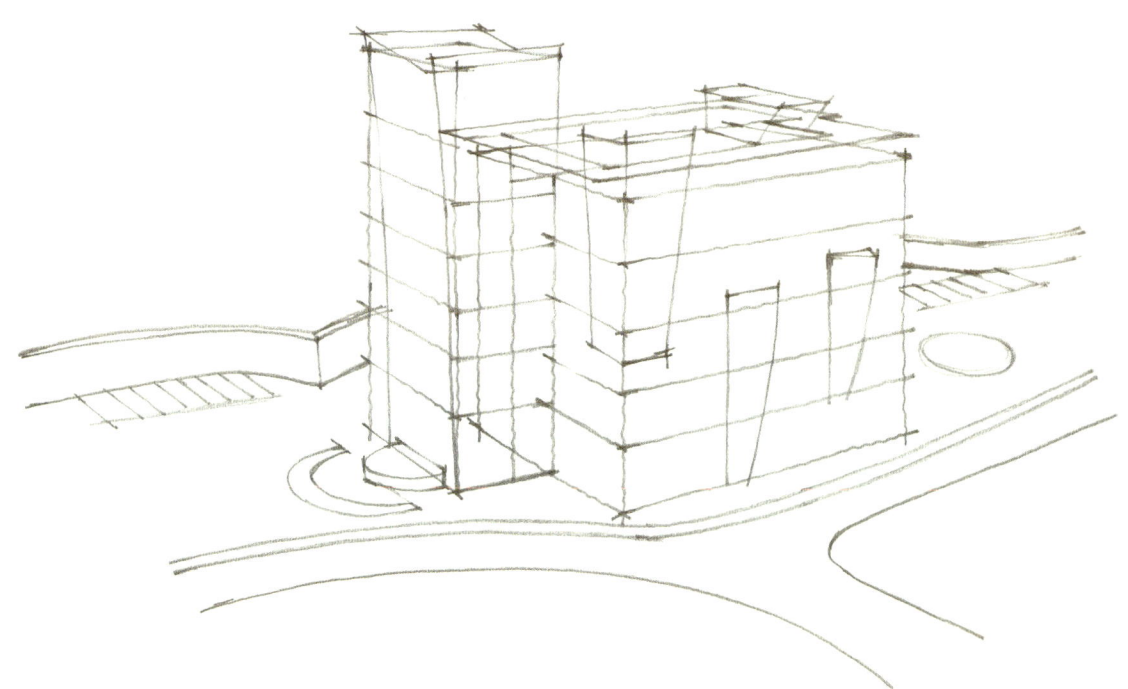

3단계 : 곡선이 가미된 외관의 구조물도 결국엔 기본 박스의 형틀에서 만들어지는 것이므로 임의가 아닌 박스의 균형을 고려하여 그 모양을 그려줘야 한다. 전체적인 건물의 모양이 만들어지면 주변환경(정경물 등) 요소의 자리값을 잡아준다.

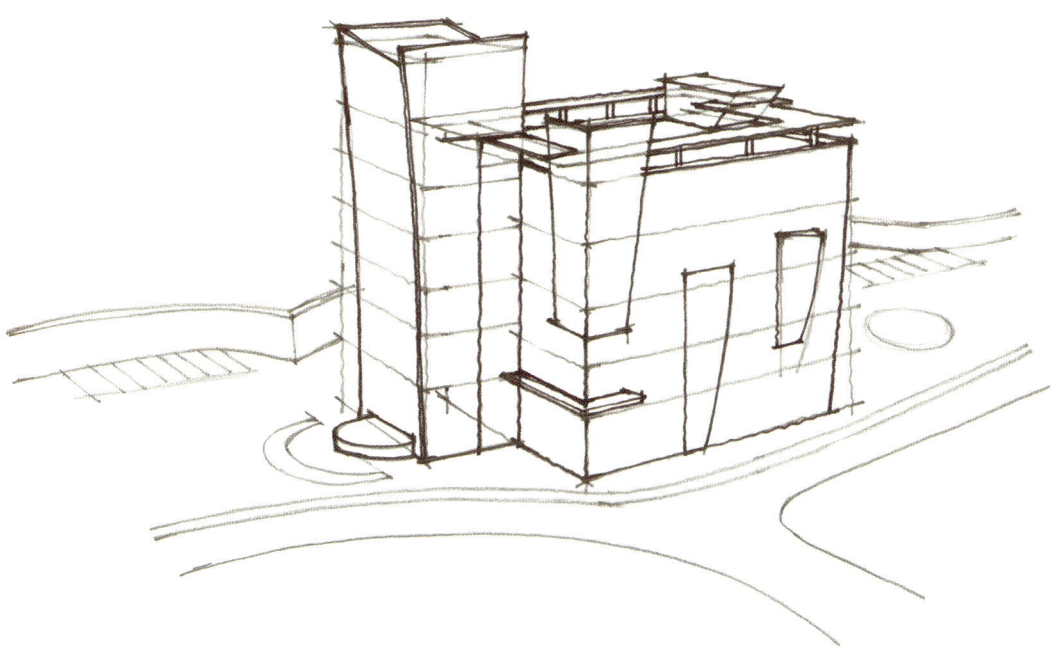

4단계 : 연필의 개략적인 밑그림이 완성되면 펜작업을 시작한다. 펜작업을 할 때에는 연필본에서 오류가 있거나 누락된 부분이 있으면 조정하면서 형태를 다듬어 준다.

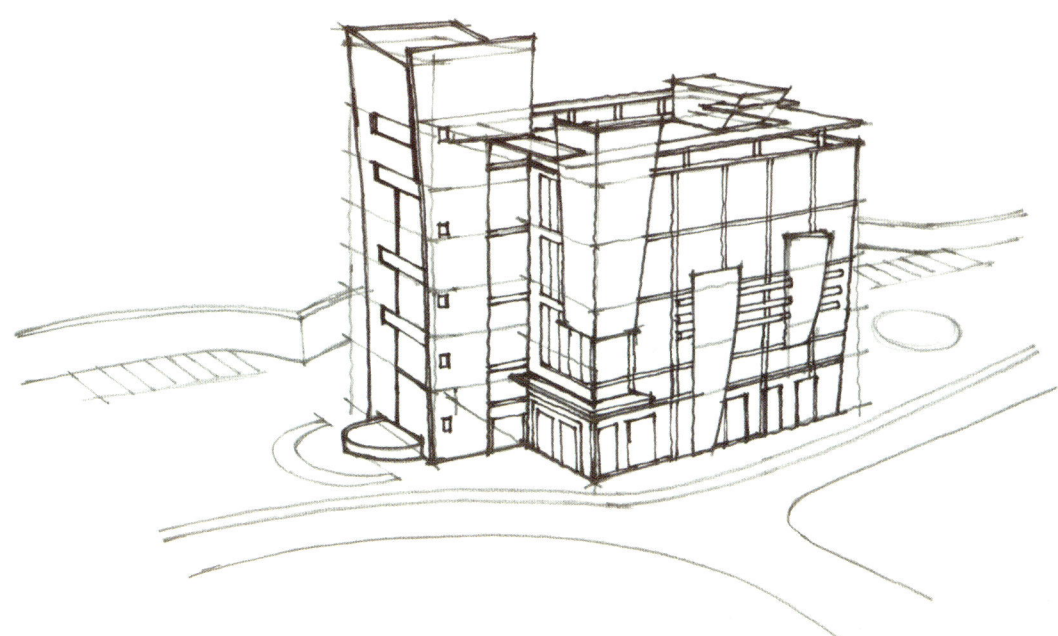

5단계 : 건물의 주된 구조적 프레임과 개구부, 기타 각 부의 구체적인 모양을 정돈한다.

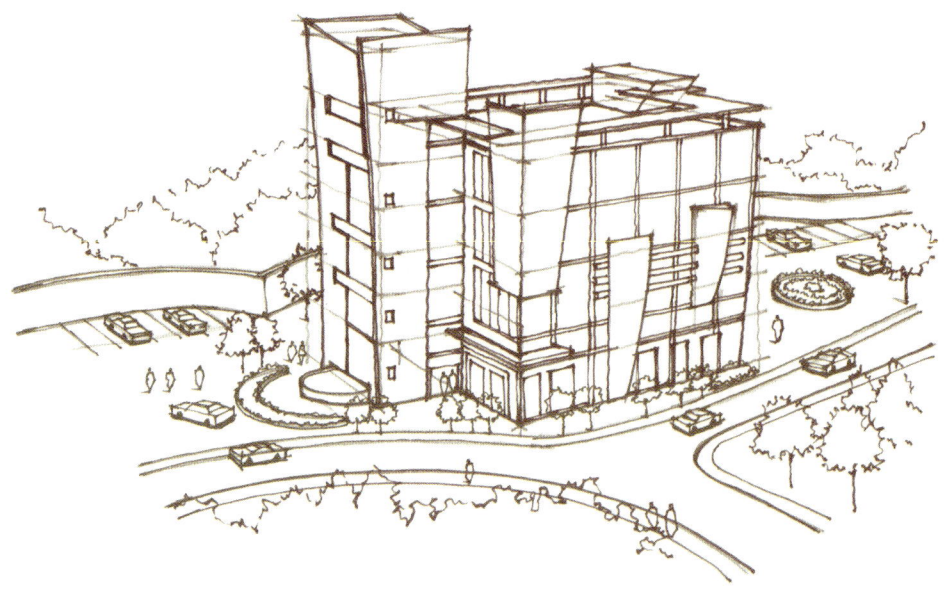

6단계 : 건물의 모양이 완성되면 주변 경관 및 점경물들을 그려주고 입체적인 효과를 위해 건물의 외곽선 및 경계선 들을 굵은 선으로 처리해 준다. 점경물이라 하더라도 먼 곳의 점경물은 작게, 가까운 점경물은 조금 크게 하여 원근감을 잃지 않도록 한다.

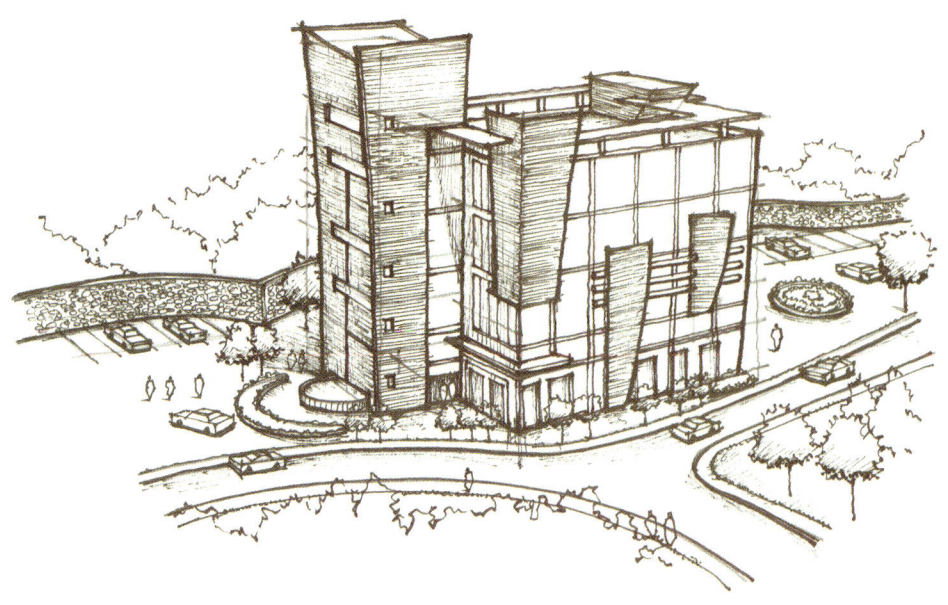

7단계 : 전체적인 이미지가 완성되면 표면 마감재의 질감 및 최소한의 음영과 그림자를 넣어주고 마무리한다. 참고로 이 건물의 주된 포인트가 되는 외장재는 적삼목과 컬러 복층유리이다(펜작업 완성).

● 채색 단계

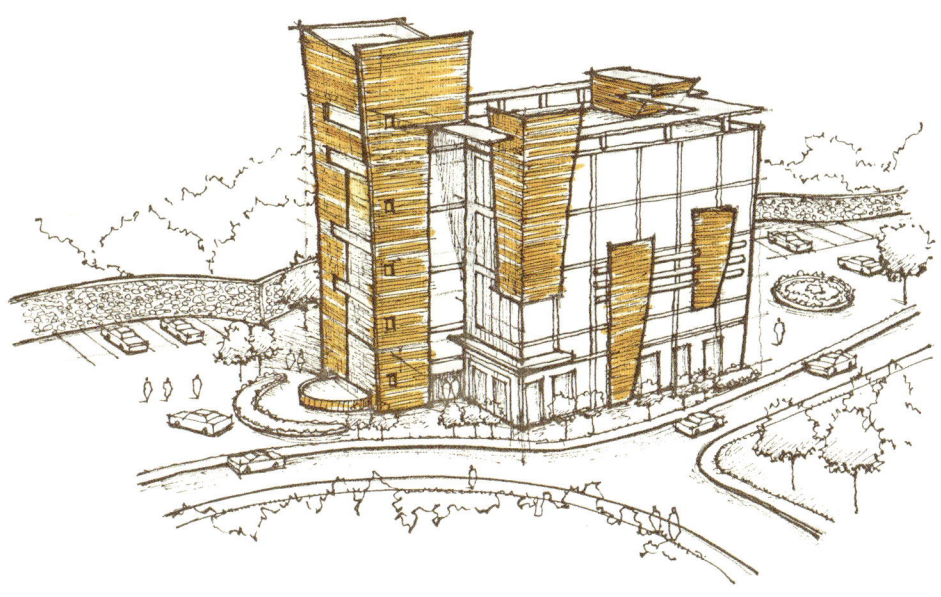

채색 1단계 : 건물을 먼저 채색하되 주된 외관의 포인트가 되는 부분의 베이스 컬러를 칠해 준다. 여기에 사용된 외장재는 적삼목이므로 채색은 적삼목의 특성(질감의 느낌)에 따라 브라운 계열의 색으로 터치방향을 한 방향으로 맞춰주는 것이 좋다.

채색 2단계 : 포인트 부분(적삼목 부분)의 질감을 위해 같은 계열의 진한색을 추가적으로 더 칠해주고 반사재인 유리의 터치는 수직으로 하되, 하부로 갈수록 농도가 진해지게 덧칠해 준다(넓은 팁 사용).

채색 3단계 : 건물의 전체적인 컬러링이 완성되면 주변 경관(점경물 등)의 베이스 컬러를 칠해준다. 점경물의 색은 전체의 면적을 칠해주지 않고 부분적인 효과만을 준다.

채색 4단계 : 점경물(주변 경관)의 입체적인 효과를 위해 색의 농도를 높여주고 음영의 효과를 준다. 도로의 채색은 건물의 부각효과를 위해 인도와의 경계석을 기준으로 농도의 그라데이션 효과를 주는 것이 좋다.

채색 5단계 : 마지막으로 빛의 방향에 따른 건물의 음영과 그림자, 도로면의 그라데이션을 Grey계열의 마커를 사용해 처리해 주고, 출입구 부분은 빛을 가장 적게 받고 깊이감이 느껴지기 때문에 가장 어둡게 처리해 준다(컬러링 완성).

■ 빠른 터치로 표현된 개략적 스케치 이미지
- 형태가 익숙해지면 빠른 속도로 그려보는 연습을 해보자.
- 필요에 따라 마감재 등을 기입하여 설명을 위한 표현을 한다.

실내 내부의 공간 구도 잡아내기

실내 내부의 스케치에 있는 가구나 집기들이 주된 이미지를 차지한다. 따라서 효과적인 인테리어 스케치를 위해서는 우선 가구에 대한 입체적인 표현능력이 요구된다. 의자 하나를 그리더라도 위치와 방향에 따른 표정들을 소화할 수 있어야 하는 것이다. 이 과정을 연습하는 가운데 가구류가 잘 그려지지 않는 사람이 있다면 다시 한번 기초적인 연습을 반복해 보길 권한다. 참고로 가구를 그리는 과정과 표현순서 등 기초적인 것은 Story 1의 스케치의 기초 Chapter 03. 인테리어 구성요소 그리기 단원에서 다루고 있으므로 필요한 경우 참조하도록 한다.

■ 실내 내부 스케치 감각적으로 그려보기 1 (1소점 내부 투시)

이미지를 통해 대략적인 평면을 추정해 본다.

1단계 : 먼저 정면에 보여지는 벽(입면)을 그려주고 눈높이를 설정해준 다음 소점을 결정하고 소점과 벽의 각 모서리를 연결하여 내부 공간을 만들어준다.

Chapter 03 공간과 형태의 구도 잡아내기

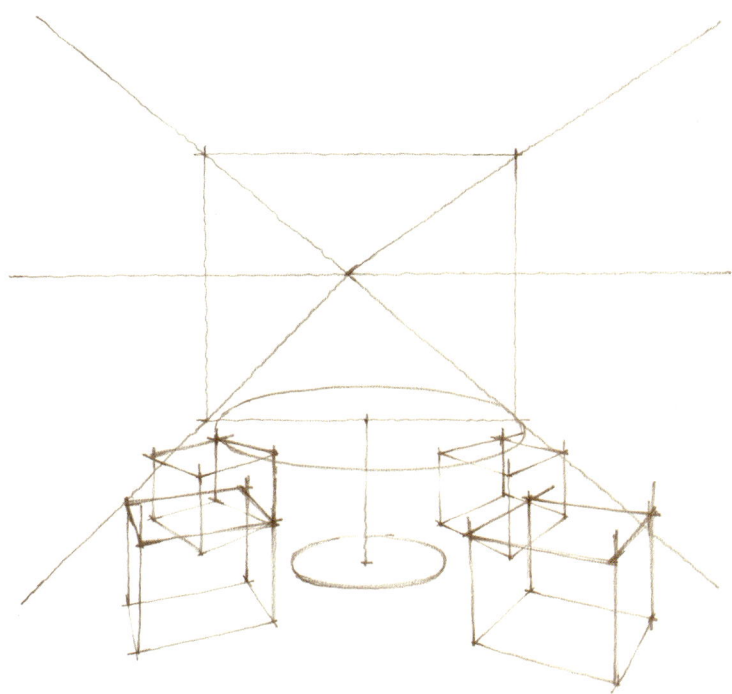

2단계 : 주된 요소인 가구(테이블, 의자)의 자리값을 비례적인 거리조절을 하여 잡아주고 박스를 그려준다. 이 구도는 1소점 투시 구도이지만 의자들은 원형배열로 인해 각기 2개의 소점을 가진 2소점 형태이다. 따라서 동일한 눈 높이 선상에서 의자들은 양쪽 2개의 소점을 찾아 박스의 형태를 잡아주어야 한다는 것에 주의한다. 의자의 형태는 앉는 면을 기준으로 박스를 잡는 것이 편리하다.

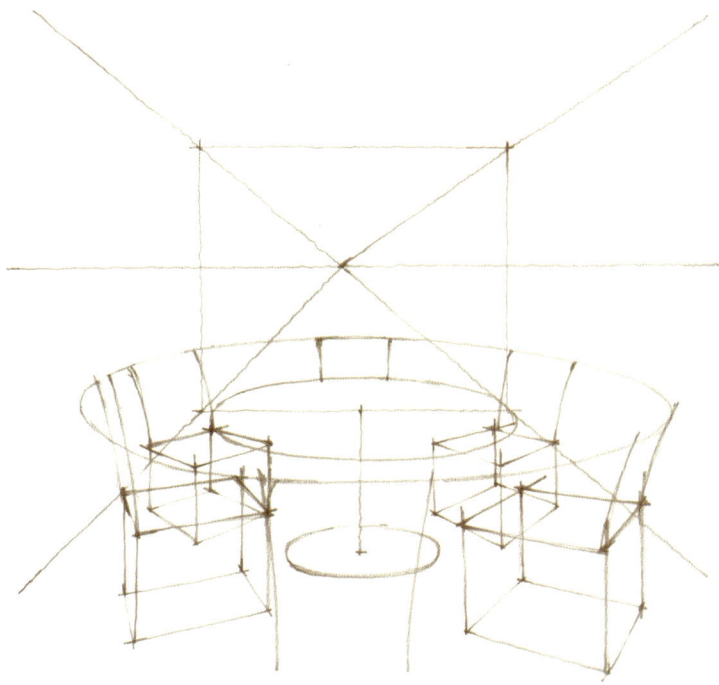

3단계 : 의자들이 테이블을 중심으로 원형으로 배치가 된 형태이기 때문에 의자 등받이의 높이를 하나만 설정하고 그 끝선에 맞춰 타원을 돌려주면 동일한 의자들의 높이를 잡아줄 수 있다.

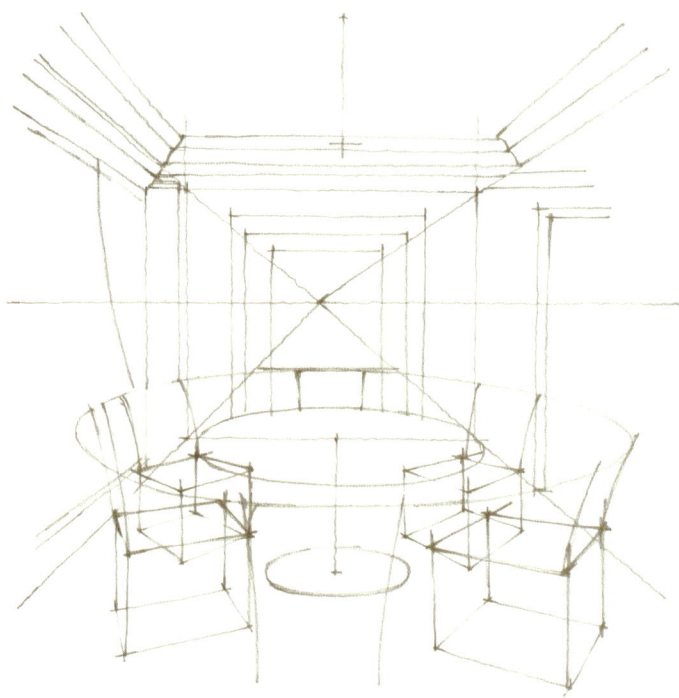

4단계 : 가구들의 대략적인 구도가 잡히면 천정과 벽, 기타 요소들의 위치와 형태를 잡아준다. 천정부분은 우물천정 형식으로 되어 있고, 곡면으로 경사진 몰딩처리되어 있으므로 모서리의 처리는 경사면을 만들어 약간의 곡면을 넣어준다.

5단계 : 연필 본으로 대략적인 윤곽이 잡혔으면 펜으로 우선 가구들을 먼저 그려준다. 가구가 여러 개가 겹쳐 있을 때는 눈앞에 제일 가까운 것을 먼저 그리기 시작해야 형태와 선의 중첩을 최대한 피할 수 있다.

6단계 : 벽면에 장식된 이미지의 형태와 커튼, 조명 등의 위치를 잡아 그려준다. 조명의 위치는 그리드의 흐름을 찾으면 정확하겠지만 보여지는 바닥 면적의 중심을 기준으로 눈으로 벽을 타고 올라가서 중심축과 만나는 위치에 대략적으로 잡아주면 된다.

7단계 : 전체적인 이미지가 완성되면 가구의 외곽선이나 벽 모서리의 경계선, 바닥과 가구가 접하는 부분 등의 선들을 굵게 처리해 주고 기본적인 음영과 그림자를 넣어준다(광원은 천정의 중심에 있는 조명을 기준으로 그림자를 잡아준다).

건축, 인테리어 스케치 응용기법

• 채색단계

채색 1단계 : 공간의 주된 포인트가 되는 가구부터 채색을 시작한다. 테이블의 상판은 평활하고 광택이 나는 표면이므로 반사효과를 위해 수직방향으로 마킹을 해주되, 칠하지 않는 흰 부분을 적절히 조절하여 남겨두고 칠한다.

채색 2단계 : 가구의 색을 점차 농도를 진하게 조절해주고 바닥과 벽의 베이스컬러를 깔아준다. 참고로 실내 내부에서는 가구의 색이 강할 때는 바닥이나 배경의 색을 약하게 해주고 반대로 바닥 등의 색이 강할 때는 가구를 밝은 톤으로 칠해주는 것이 효과적이다. 천정은 조명의 빛이 직접 부딪치는 면이므로 모서리를 기준으로 약간의 색감만을 넣어준다.

Chapter 03 공간과 형태의 구도 잡아내기

채색 3단계 : 배경의 색이 마무리되면 조명 및 기타 소품류의 색감을 넣어준다. 벽면의 액자도 빛을 고려해서 턱이지는 부분에 음영을 주어 입체감을 살려준다.

채색 4단계 : 마지막으로 가구의 음영과 바닥에 형성되는 그림자를 처리해 주고 각 벽면의 음영 및 조명의 반사효과도 처리해 준다. 조명이나 반사재의 극적인 효과를 위해 수정액이나 화이트펜을 사용하기도 한다.

■ 실내 내부 스케치 감각적으로 그려보기 2 (2소점 내부 투시)

인테리어 이미지스케치 컷에서 많이 사용되는 구도가 바로 2소점 구도이다. 1소점에 비해 설정되는 면적은 많지 않지만, 공간을 긴장감 있고 입체적으로 묘사하는데 효과적인 구도이다. 특히 가구를 입체적으로 묘사하는데 도움이 많이 되므로 여러분들도 많은 연습으로 표현능력을 길러야 할 것이다.

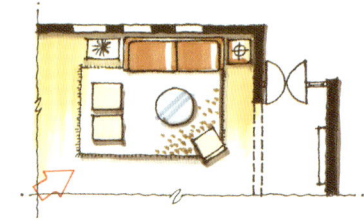

이미지를 통해 대략적인 평면을 추정해 본다.

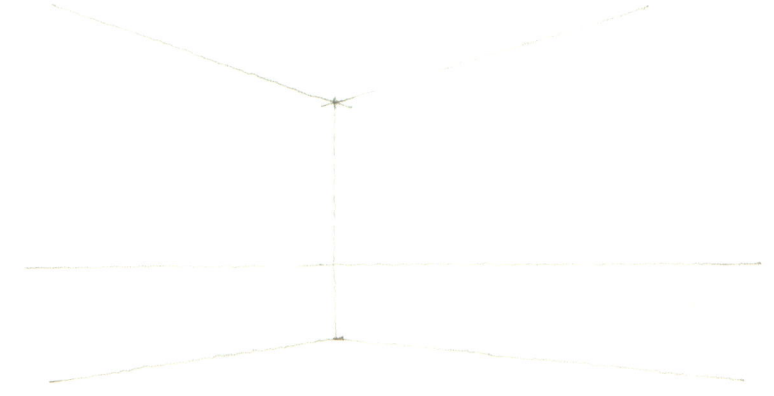

1단계 : 눈높이를 먼저 확인해 보면 평균적인 눈높이보다 낮다는 것을 알 수 있다. 즉 의자나 소파 등에 앉아서 바라본 구도이다. 2소점 투시도는 1소점에 비해 소점의 거리가 멀기 때문에 제한된 지면에서 찾기가 쉽지 않으므로 흐름선의 감각을 충분히 활용해야만 한다.

Chapter 03 공간과 형태의 구도 잡아내기

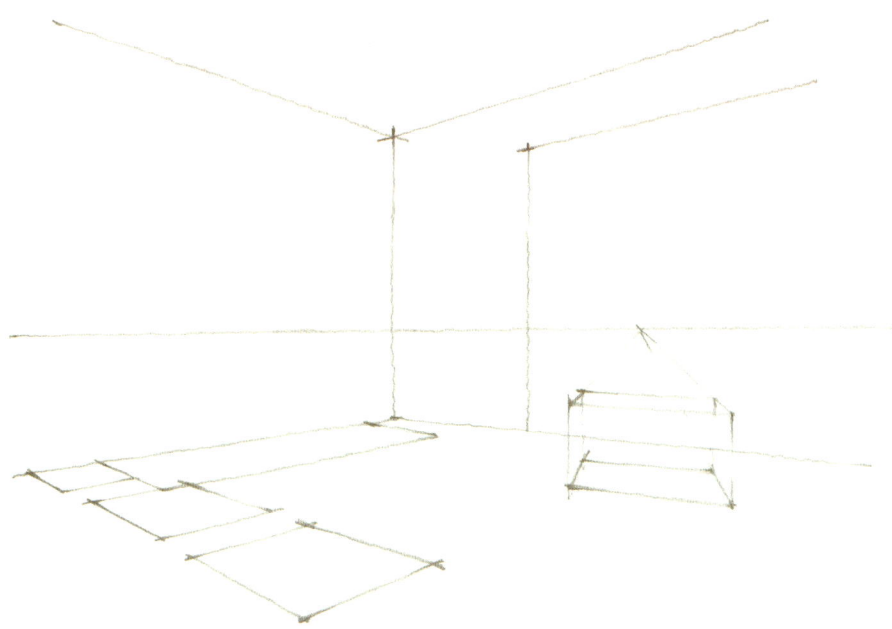

2단계 : 공간의 흐름선이 만들어지면 가구들의 자리값을 소점방향 흐름선을 의식하며 잡아준다. 당연히 동일한 크기라도 원근감의 비례는 맞춰주어야 할 것이다.
우측에 별도로 놓여진 1인용 소파는 전체의 흐름과 달리 독자적인 2소점의 흐름을 갖는 형태이므로 주의한다. 즉, 눈높이는 동일하지만 소점의 위치가 다르다는 것이다.

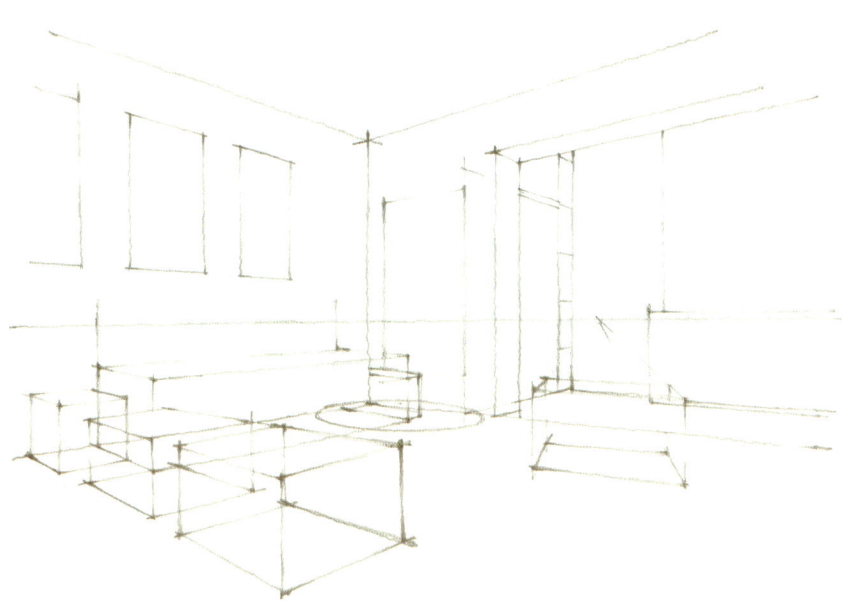

3단계 : 가구의 자리값이 모두 잡히면 각각의 비례적인 박스를 만들어주고 창문 및 연결되는 벽체와 오픈된 평아치, 벽면의 장식물 등의 위치를 잡아준다.

87

건축, 인테리어 스케치 응용기법

4단계 : 펜으로 가구의 형태를 그려준다. 소파는 박스의 위쪽 끝선을 팔걸이 높이로 하여 등받이를 추가로 올려 그려주면 그리기가 수월해진다. 벽선의 흐름을 쫓아 중간에 가려진 벽면을 눈으로 투시하여 출입문의 흐름선을 잡아본다. 이렇게 보이지 않는 부분의 투시감각은 도면을 충분히 이해하며 공간을 구상하는 능력을 키우는 것에서 만들어지는 것이라 하겠다.

5단계 : 가구와 기본 구조의 공간이 만들어지면 나머지 부분(창문, 커튼, 출입문, 조명 등)의 위치를 잡아 모양을 완성한다.

Chapter 03 공간과 형태의 구도 잡아내기

6단계 : 전체적인 이미지가 완성되면 가구의 외곽선, 겹치는 부분의 경계선, 벽/천정/바닥 등의 경계선을 굵게 처리해주고 음영 및 그림자, 소품 등을 넣어주고 마무리 한다(펜 작업 완성).

● 채색 단계

채색 1단계 : 주된 요소인 가구부터 채색에 들어간다. 베이스컬러를 깔고 빛을 직접 받는 윗 부분은 반사효과를 위해 부분적으로 남겨두고 물체의 하부로 갈수록 색의 농도를 진하게 처리해 준다. 커튼은 굴곡이 심한 요소 중의 하나로 주름이 접힌 커튼의 선을 중심으로 색을 칠해주고 점차 선의 그라데이션 효과를 만들어준다.

89

채색 2단계 : 벽면의 색을 칠해준다. 약간은 탁한 톤의 채도로 무거운 느낌이 나므로 가구의 색을 가능한 밝게 처리해 준다. 창호를 통해 외부의 빛이 유입되는 것을 감안하여 천정의 모서리, 바닥에 가까운 벽의 밑부분을 위 주로 색감을 터치해준다. 카펫은 부드러운 파스텔 톤을 선택하여 패턴의 느낌을 살려주면서 가볍게 터치 한다.

채색 3단계 : 전체적인 색감의 강도를 높여준다. 계열색(계통색)을 사용하여 어두운 부분이나 그림자 지는 부분을 중점 적으로 농도를 조절하여 칠해주면 강약이 조절된 색감을 얻을 수 있다.

채색 4단계 : 마지막으로 WARM GREY 계열색(공간의 배색이 난색계열이므로)으로 그림자 및 명암을 처리해주고 벽체나 가구가 바닥에 비치는 효과도 함께 표현해 준다(컬러링 완성.).

※ 참고로 마커의 컬러 중에 그레이 계열의 색으로 WARM GREY, COOL GREY, BLUE GREY, GREEN GREY, NATURAL GREY 등이 있는데 각각 난색계열, 한색계열, 푸른색계열, 초록색계열, 자연색계열 등에 접목되어 명암이나 그림자, 명도조절에 의한 그라데이션, 색의 채도를 낮추는 효과 등을 만들 수 있는 무채색 계열의 도구로 사용된다.

■ 빠른 터치로 표현된 개략적 스케치 이미지
- 형태가 익숙해지면 빠른 속도로 그려보는 연습을 해보자.
- 필요에 따라 마감재 등을 기입하여 설명을 위한 표현을 한다.

Chapter 04

건축·인테리어 스케치를 위한 점경물의 표현

이번 단원에서는 실제 건축이나 인테리어 스케치에서 실무적인 이미지 소스로 활용되는 요소들을 모아 연습할 수 있는 공간을 준비했다. 여러분들이 기초적인 부분에서 형태를 그리는 과정이나 요령을 습득했다면, 이제는 부분적으로 개략적인 이미지도 연습해 보고 전체적인 덩어리의 비례를 잡아 작도순서를 줄이고 바로 이미지를 그려내는 연습을 해 보아야 한다. 따라서 이 책에서는 점경물들의 작도순서는 생략하고 박스를 잡아내며 보조선을 이용해 구체적인 형태를 그려내는 이미지들을 제시한다. 아울러 다양한 점경물에 다양한 컬러를 사용하여 마커와 친숙해지고 여러 유형의 컬러를 접해 볼 수 있는 컬러링 연습의 과정이기도 하다. 대부분의 이미지를 잘 살펴보면 박스를 잡아내기 위한 보조선들이 눈에 보일 것이다. 그렇게 전체의 형태추출 감각을 통해 여러분 스스로도 이미지를 만들어내는 감각을 키워야 한다. 이제는 도법의 원리원칙이 아닌 감각으로 결과물을 만들어내야 하고, 그래야만 빠른 스케치를 할 수가 있다. 충분한 연습을 통해 반복적인 숙달 훈련을 하자. 그런 연후에 여러분의 눈썰미와 빠른 손놀림이 만들어졌다면 그때야 비로소 빠르고 효과적인 스케치를 구사할 수 있을 것이다. 참고로 가구나 기타 점경물의 표현과 이해가 부족한 독자가 있다면 Story 1의 스케치의 기초 Chapter 02, 03 단원을 참조하기 바란다.

건축의 점경물

■ 자동차의 개략적인 표현

자동차는 건축스케치에서는 인물, 수목과 함께 그 이미지를 한층 돋보이게 하고 스케일감을 조절해 주는 감초적인 역할을 해주는 점경물이다. 전체 매스의 보조적인 역할을 해주는 것이기에 디테일보다는 간략하게 표현을 해준다. 여기서 여러분들은 기본적인 자동차의 작도순서를 점검하고 스케치에 활용할 때 약식으로 표현하는 연습을 많이 해보기 바란다.

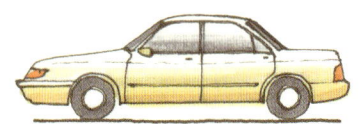  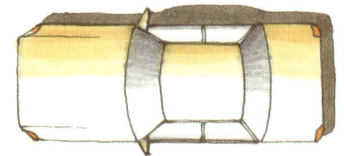

자동차 그리기 순서

기준 모서리의 기울기를 완만하게 하여 직육면체의 박스 형태를 그려준다. (조감 형태는 기울기의 각을 크게 잡는다.)

앞 유리 또는 뒷 유리 선을 완만한 곡선으로 잡아주고 위로 모아지듯 올려 그어 지붕의 면도 부드럽게 모 처리를 해 준다.

앞뒤부분의 범퍼와 몰딩라인을 박스의 중간부분에 잡아주고 바퀴의 위치에 유의하며 타원 형태로 바퀴를 그려준다. 동체의 범퍼와 라이트 부분의 모양새를 그려준다.

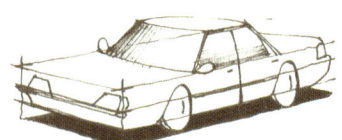 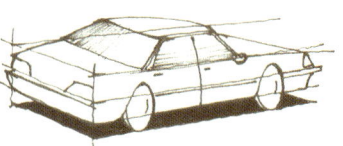

바닥에 그림자를 차체의 폭을 벗어나지 않게 설정하여 칠해준다. 필요에 따라 유리면에 그라데이션을 넣어준다.

투시형의 앞모습   투시형의 뒷모습

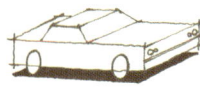

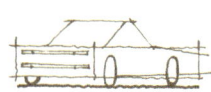

다른 표정의 자동차 간략표현

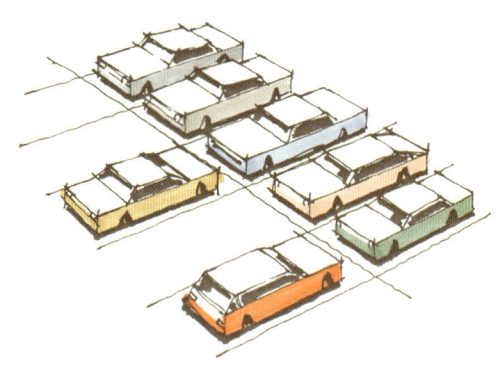

건물의 단지 조감도에 적용할 수 있는 자동차의 구도

■ 디테일링에 의한 자동차의 이미지

실무적인 스케치라면 이처럼 디테일한 자동차의 이미지 표현까지는 필요치 않겠지만, 자동차 전시장 이미지를 표현하고자 하는 이들을 위해 여러 각도와 디자인에서의 이미지를 모아 보았다. 좀더 완숙한 스케치의 표현력 향상을 위하여 여러분들도 한번 그려보는 연습이 필요할 것이다.

건축, 인테리어 스케치 응용기법

■ 인물의 개략적인 표현

건축 스케치에서의 인물 표현은 다음과 같은 정도의 표현이면 충분하다. 건축물에 딸린 점경물이기 때문에 세부적이지 않고 개략적인 윤곽 정도만 그려주게 된다. 주의할 것은 원경과 근경에 따른 크기 차이를 만들어주되, 항상 눈높이의 기준에서 인물 크기의 조절이 되어야 한다는 것이다. 아주 가까운 거리의 인물을 표현하고자 한다면 머리모양, 의상 정도만 좀더 세부적으로 표현하고 의상의 색감을 살짝 넣어주는 정도로 표현한다.

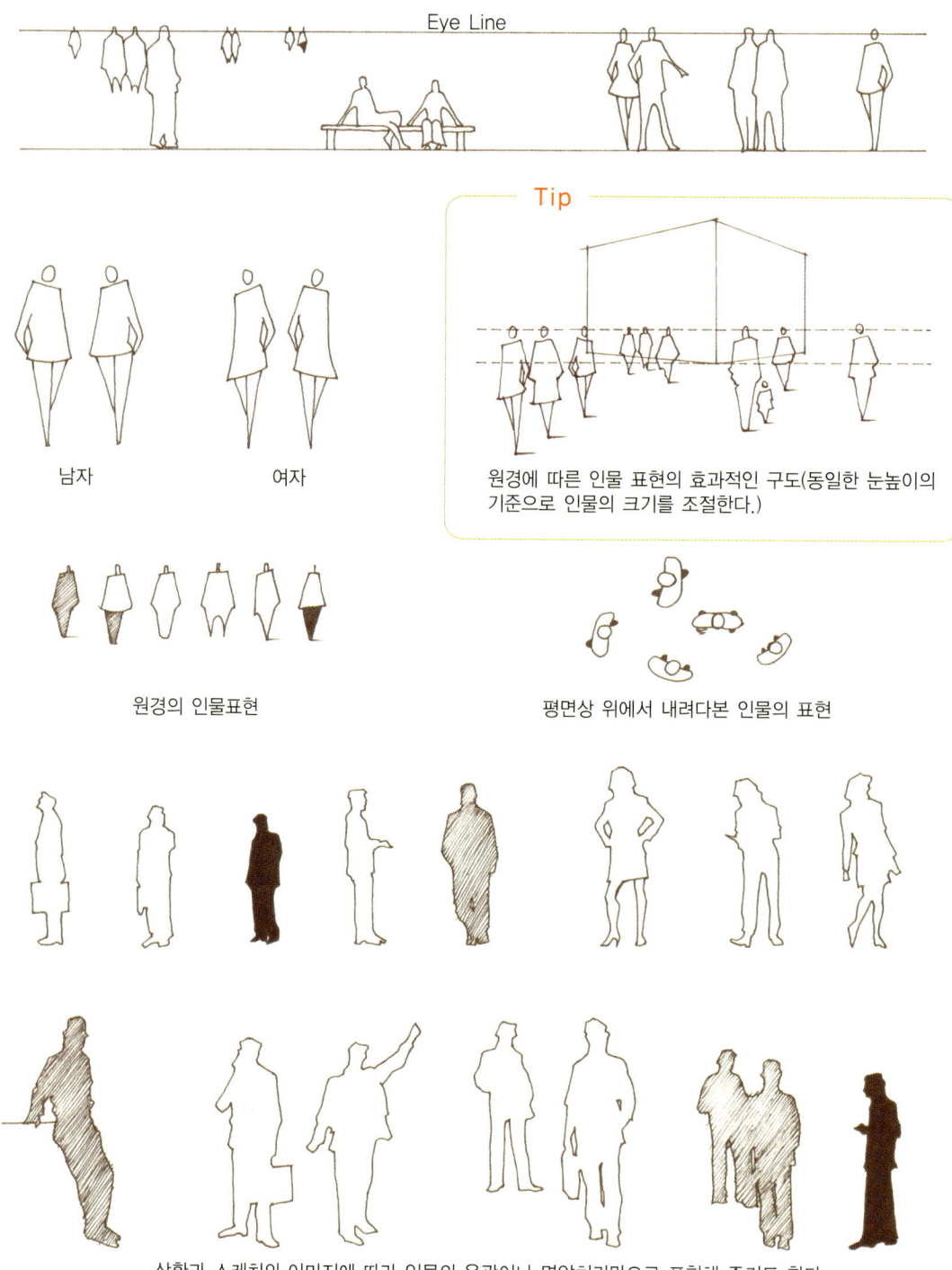

남자 여자

원경의 인물표현   평면상 위에서 내려다본 인물의 표현

원경에 따른 인물 표현의 효과적인 구도(동일한 눈높이의 기준으로 인물의 크기를 조절한다.)

상황과 스케치의 이미지에 따라 인물의 윤곽이나 명암처리만으로 표현해 주기도 한다.

■ 경관 수목의 이미지

경관 수목 표현은 설계적인 측면에서 평면, 입/단면 등에서 시작하여 최종적으로 건물의 입체적인 표현에 따라가게 되므로 우선은 렌더링을 하며 그 표현을 익혀봐야 한다. 아래에 제시된 이미지들을 통해 표현 양식을 익혀본 뒤에 나오는 개략적인 표현을 연습하도록 한다(활엽수종은 둥근 형태, 침엽수종은 뾰족한 형태로 모양새를 잡아준다).

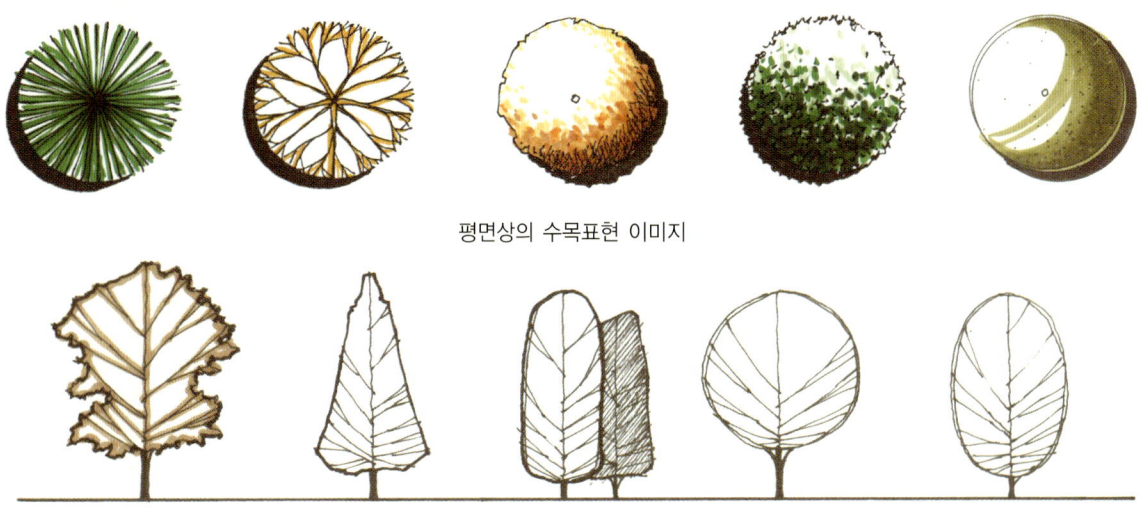

평면상의 수목표현 이미지

입/단면상의 수목표현 이미지

입체적인 수목의 표현 이미지

■ 평면상에 표현되는 수목의 여러 가지 표정

앞의 내용과 함께 건축의 배치도나 조경계획시 사용될 수 있는 이미지를 몇 가지 모아보았다. 물론 이보다 많은 다양한 표정들이 있겠지만, 채색과 평면상 입체적인 표현이미지를 연습해 보고 실무자나 관련전공자들은 실제 계획상의 스케치에 활용해 보도록 한다.

■ 경관 수목의 개략적인 표현

앞에서 디테일한 수목의 이미지를 연습해 보았다면 이제부터는 개략적으로 그려보자. 수목의 특징적인 모양과 색감을 포인트로 하여 렌더링의 터치도 빠르게 해 보도록 한다. 아래에 표현된 수목의 패턴을 활용하여 수목의 외관을 개략적으로 표현할 수 있다.

간략 수목 표현의 패턴 유형

■ 대지분석과 환경적 요소표현을 위한 관계표시

건축 계획시 대지분석과 건축 환경적인 요소의 관계를 표현하는 심벌 이미지이다. 설계(디자인)는 실무자나 전공자들의 몫이지만, 하나의 프로젝트를 진행할 때 또는 계획이나 컨셉 스케치를 할 때 활용하면 좋을 것이다.

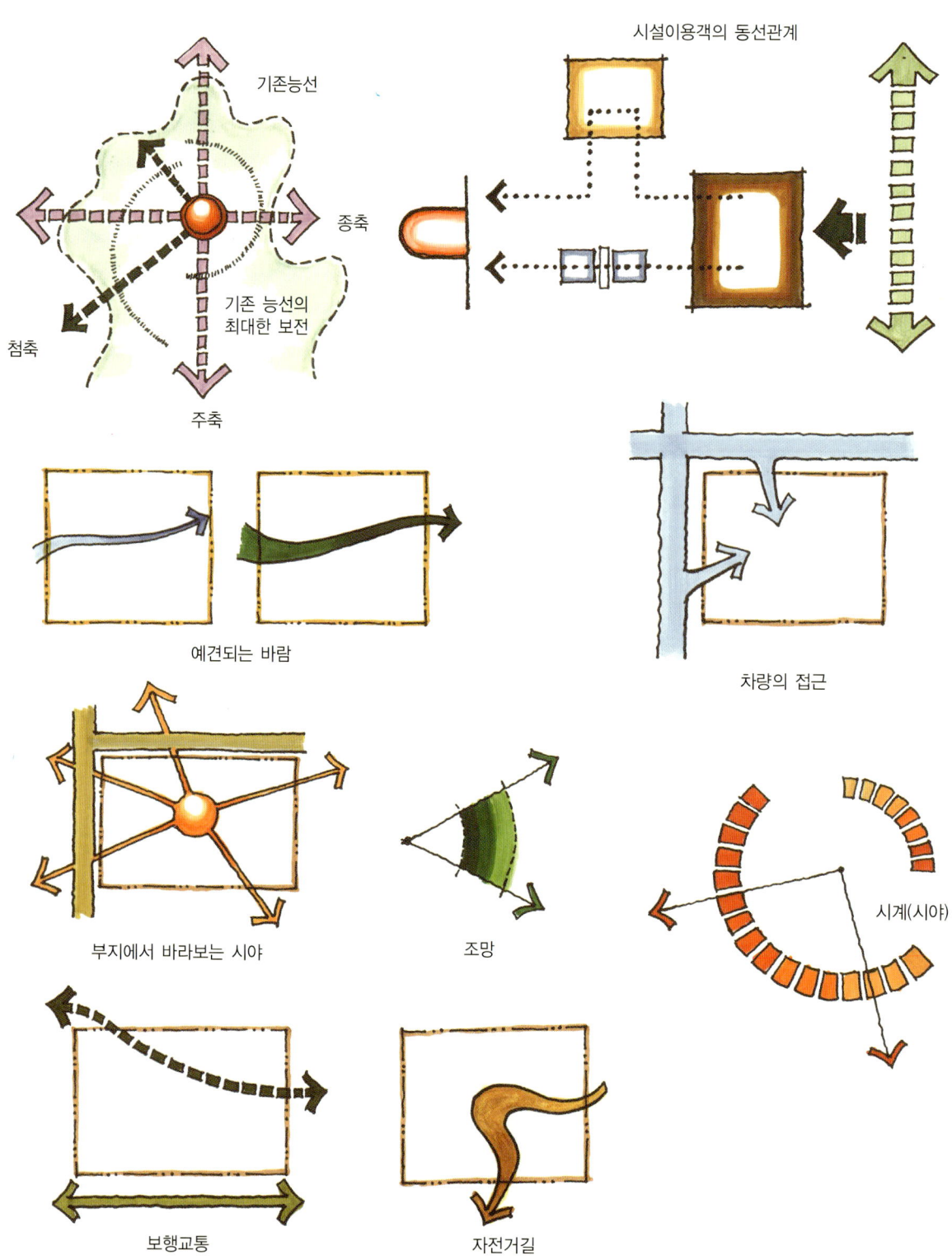

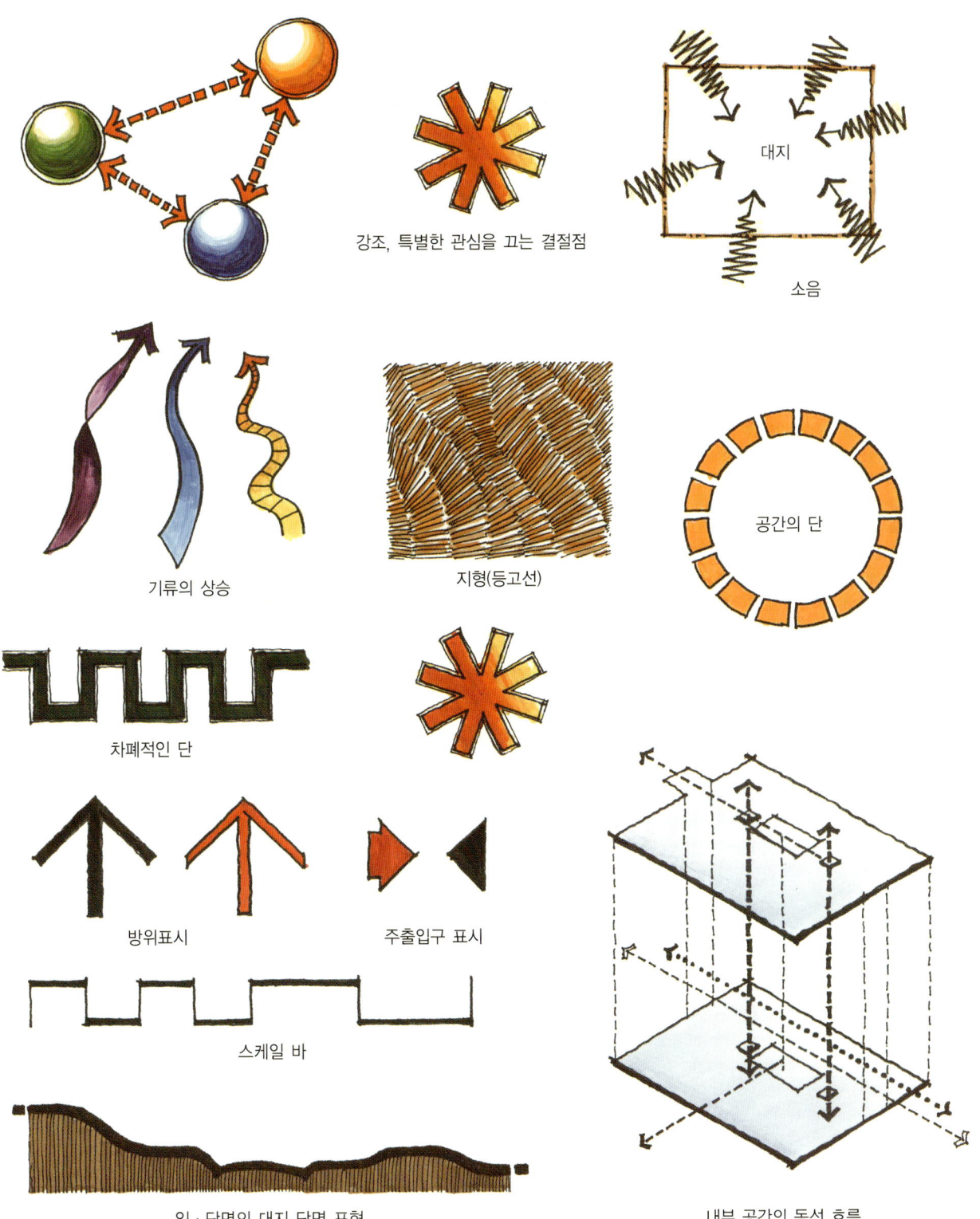

인테리어의 점경물

■ 가구류의 표현

　인테리어 스케치에서 핵심적이면서도 쉽지 않은 표현이 가구이고 또한 그려봐야 할 종류들도 무수히 많다. 우리 주변에서 흔히 접하고 다루는 가구들부터 차근차근 그 형태와 비례감을 잡아가며 반복적으로 그려보면 기타 여러 유형의 가구들도 충분히 그려낼 수 있을 것이다. 우리가 기초를 다질 때는 도법의 원리를 적용하여 박스를 잡고 등분을 하여 그 구체적인 모양을 그려주었지만, 이제는 전체적인 한 덩어리의 비율을 잡아내고 눈대중의 감각을 이용하여 그려보는 연습을 하자. 이제는 직접 그리는 것이다. 몇 가지 가구의 유형을 이미지 옆에 박스로 전체의 덩어리를 잡아놓았다. 앞부분의 예시에서 보여주는 것처럼 여러분들도 사물의 이미지를 보고 전체에서 부분으로 가는 빠른 캐치 능력과 손의 움직임으로 입체물을 묘사하는 연습을 해보기 바란다.

전체의 박스를 항상 먼저 잡아본다.

Chapter 04 건축·인테리어 스케치를 위한 점경물의 표현

박스의 기준은 매트리스 높이까지이다.

감각적으로 등분하고 소점흐름을 향해 선을 긋는다.

건축, 인테리어 스케치 응용기법

 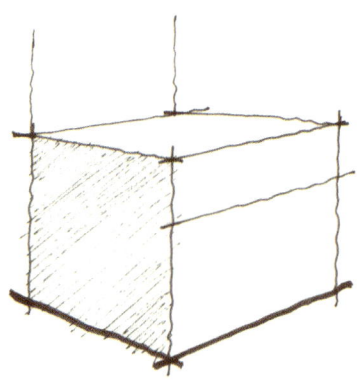

소파를 그릴 때에는 박스의 기준을 팔걸이 높이까지로 설정한다.

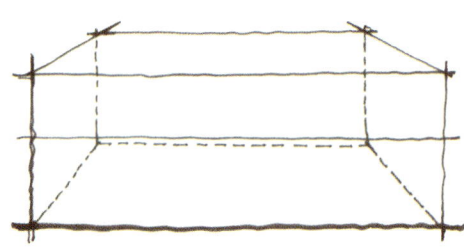 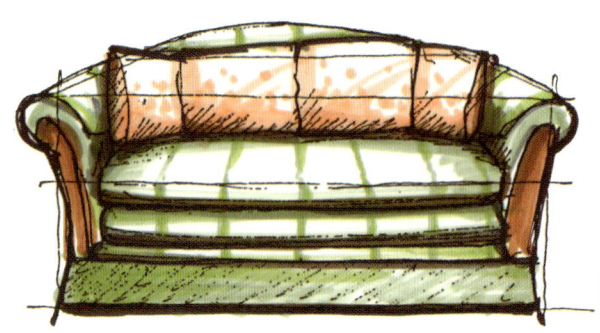

 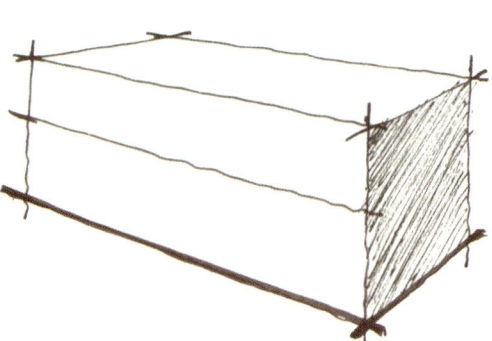

박스 이외의 불규칙한 선은 자유로운 비례에 맞춰 그어준다.

건축, 인테리어 스케치 응용기법

의자를 그릴 때에는 박스의 기준을 앉는 면(좌면)을 기준으로 잡는다.

가구류의 개략적 표현

원형의 형태도 결국엔 박스(사각형)의 비례에서 만들어진다.

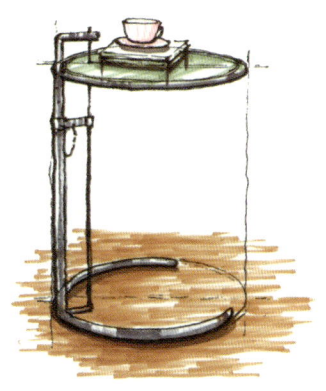

원주형태(타원의 비율에 주의해서 그린다.)

의자의 등받이 높이 하나만 결정하면 동일한 배치 위치를 얻을 수 있다(대리석의 표현은 화이트펜 사용).

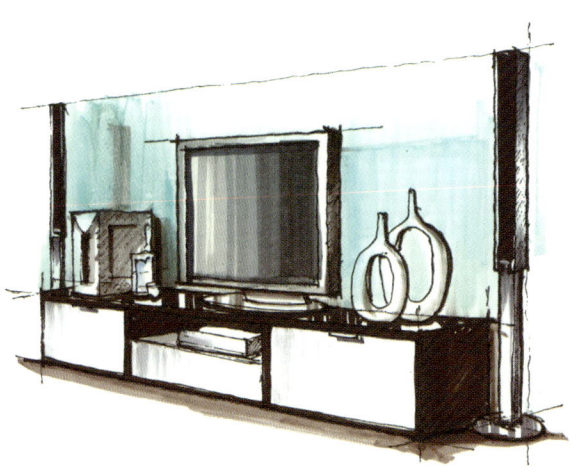

■ 가구의 개략적인 표현 1

　인테리어 스케치에서의 가구는 먼저 정확하게 그려보려는 습관이 중요하다. 가구의 기본적인 구조와 박스의 비례를 정확하게 파악하고 접근해야 형태잡기의 오류를 줄일 수 있다. 디테일한 스케치와 렌더링이 충분히 숙지되었다면 이전에 그려보았던 가구와 기타 다른 이미지를 빠르고 개략적으로 그려보자. 빠르게 스케치를 할 때의 주의점은 선을 많이 사용하지 않고 가벼운 윤곽과 기본적인 명암과 컬러터치를 해서 가구의 특징을 살려준다는 것이다.

■ 가구의 개략적인 표현 2

■ 조명의 표현

조명기구는 그 특성상 발광체이기 때문에 색을 다 칠해주지 않는다. 또한 주의할 것은 대부분 직각형태나 원형(타원형)의 모양을 취하기 때문에 눈높이에 따른 타원의 기울기와 천정면에 부착되거나 달아매진 형태의 조명기구를 표현할 때는 그 흐름선의 기울기를 조심해야 하고 또한 대칭적인 구도를 잘 맞춰서 그려야 한다.

눈높이보다 높은 위치의 형태로 육면체의 소점 흐름방향에 주의한다.

중심축의 대칭을 맞춘다.

타원의 기울기에 주의하면서 그린다.

건축, 인테리어 스케치 응용기법

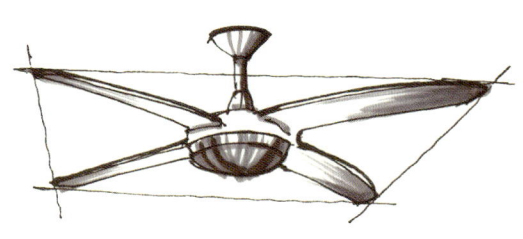

프레임의 대칭적인 위치를 잡는다.

동일한 날개의 길이도 입체적으로 보이면 짧게 보인다.

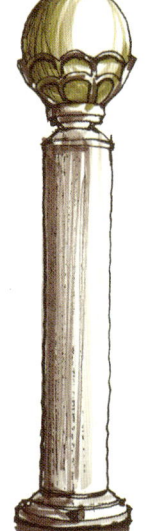
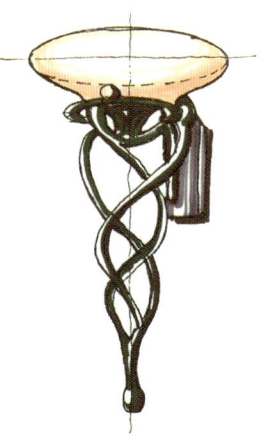

중심축의 비례를 맞춘다.

■ 실내 수목의 표현

실내 수목은 대부분 관상수가 많다. 경관수목도 마찬가지겠지만 보편적으로 보면 잎새가 무성하기 때문에 그 표현을 할 때 사실적으로 묘사하기엔 무리가 따른다. 우리가 앞서 경관 수목을 표현한 것처럼 잎새의 특징적인 윤곽을 패턴의 선으로 처리하고 기본적인 명암이나 색감만으로 표현하는 것이 효과적이다. 또한 선의 사용을 많이 하게 되면 오히려 지저분하게 보이기 때문에 가능하면 선을 적게 사용해야 이미지를 살릴 수가 있는 것이다. 제시된 예제를 통해 복잡한 잎새군을 단순화시키는 요령을 익혀보자.

실내 수목의 개략적인 표현

실내 수목의 디테일링 표현

■ 커튼의 표현

커튼은 크게 드레이퍼리형, 셰이드형, 블라인드형 등으로 구분되는데 대부분 직물소재를 취하기 때문에 주름의 선이 매끄럽다. 때문에 커튼을 표현할 때에는 선을 긋는 횟수를 최대한 줄이고 단선으로 처리해 주는 것이 효과적이다. 물론 마커 같은 채색도구를 사용할 때에도 커튼의 재질을 표현하는 선이 거칠면 안 되고, 최대한 부드럽게 표현되어져야 한다. 개략적인 이미지로 묘사한다 해도 선의 속도가 빠르다는 것일 뿐 여러 선들이 겹치는 거친 표현은 적합하지가 않다. 여기서는 주위 배경과 함께 조합시킨 몇 가지 대표적인 이미지를 제시해 본다. 커튼의 단독적인 이미지보다는 주변의 배경과도 함께 어우러지는 이미지도 연습해 보기 바란다.

밸런스의 주름을 표현한 이미지

드레이퍼리 형태의 커튼

Chapter 04 건축·인테리어 스케치를 위한 점경물의 표현

벌룬셰이드 형태의 커튼

롤스크린

로만셰이드

블라인드(베네치안)

■ 위생기구의 표현

위생기구는 우리 일상에서 늘 접하는 친숙한 소재들임에도 불구하고 스케치에는 자주 등장하지 않는 편이다. 대부분 도기질의 재료로 유약처리가 되어 광택이 있는 특성을 가지기 때문에 표현상 많은 두려움을 가지는 소재이기 때문이다. 유리처럼 매끄러운 표현을 위해서 마커를 사용할 때 자를 보조적으로 사용하여 질감을 처리하기도 하고, 기본 윤곽선에 명암 정도만 표현하기도 한다. 위생기구도 마찬가지 부드러운 곡면의 형태를 취하고 있다고 해도 기본 육면체의 틀 안에서 만들어진다는 것을 잊지 말고 항상 박스를 먼저 잡은 다음 그 비례 안에서 선의 유연함으로 곡면을 처리해 주는 습관을 갖도록 한다.

　지금까지 여러분은 효과적인 스케치를 하기 위한 방법으로 기초(기본기)를 토대로 한 응용력을 키우는 요령들을 배워왔다. 항상 필자가 강조하는 것이지만 기본에 충실한 상태에서 응용력을 키워야만 성공적인 스케치를 이룰 수가 있는 것이다. 빨리 그린다는 것은 한마디로 요약하자면 "생략하는 것"이다. 물론 빠른 손놀림도 중요하지만 생략을 한다고 해서 무작정 대충 그리는 것이 아니다.

　적어도 실무자라면 또 관련 전공자라면 자신의 디자인적인 구상표현에서 의사전달을 하기 위한 목적으로 무엇을 생략하고 무엇을 보여줘야 하는지 정도는 구별할 수 있어야 한다. 즉 의사의 전달을 위해서 표현하고자 하는 의도는 이미지 하나로도 w 정확한 정보를 전달할 수 있도록 표현의 연습이 중요하며, 핵심적인 사항을 누락시켜서는 안 된다. 예를 들어 건축스케치에서는 건물이 주된 대상이 되므로 건물의 구조나 디자인적인 특징을 최대한 살려주면서 주변 경관은 의미적인 전달 수단으로 약식으로 표현하여 부분적인 생략과 시간상의 절약을 하는 것처럼 말이다.

　때문에 그 테크닉적인 솜씨를 타인의 스타일을 그대로 받아들일 것이 아니라 많은 경험과 관찰, 그리고 정확하게 그려보고 많이 그려보는 숙달을 통해 자신만의 스타일을 만들어야 하고, 나름대로의 시간절약의 방법을 터득하는 것이 필요하며 주변에 도움이 되는 테크닉 소유자나 관련서적 들을 통해 빨리 갈 수 있는 방법을 찾는 것이다.

　건축 스케치나 인테리어 스케치는 설계(디자인)을 기본 베이스로 깔고 있기 때문에 일반 미술적 표현이나 그림과는 다르게 건축적인 전문성과 테크닉이 요구되는 것이다. 따라서 우리가 스케치를 배울 때 멋과 화려함을 추구하기 보다는 실질적인 설계를 바탕으로 근거가 있는 이미지를 만들어내야 한다. 디자인이라는 개념이 매우 포괄적이고 추상적인 성격이 강하기 때문에 어떻게 시각적인 전달 방법을 찾느냐가 중요한 것이지만, 기본 베이스의 개념이 잡히지 않은 상태에서 단순히 기교만을 배운다는 것은 의미가 없다. 사람의 눈을 현혹시키고 화려해 보이는 스케치는 디자인적 의사전달에는 그다지 효과가 없고 특히, 건축이나 인테리어 스케치에서는 머릿속의 추상적인 디자인 구상의 시각화를 만드는 것이기 때문에 추상적인 스케치 보다는 사실적인 스케치가 필요한 것이다.

Chapter 05
공간 구성별 응용 표현

기초가 충분히 다져지고 활용법을 익혔다면 이제는 모든 것을 종합해서 하나의 완성물을 만들어가는 연습을 해 보자. 이 단원에서 제시되는 이미지는 건축과 인테리어 분야에서 우리가 보편적으로 접할 수 있는 이미지들을 위주로 각 공간별로 몇 개의 이미지를 선별하여 완성된 스타일 스케치와 러프 스케치의 이미지를 비교하여 동시에 보여주고 있다. 물론 궁극적인 목적은 이미지를 빠르게 그려내는 훈련을 하는 것이지만 여러 가지 이미지를 어수선하게 늘어놓는 것 보다는, 이미지를 선별하여 여러분들에게 정확한 이미지의 부분 스케치가 아닌 전달하고자 하는 디테일한 전체 이미지를 함께 수록하여 참고할 수 있도록 하였다. 공간과 형태의 이해가 부족한 부분이 있다면 디테일한 이미지를 먼저 그려보기를 권한다. 빠르게 그리려면 우선 공간에 대한 이해와 형태의 흐름 및 비례를 빠르게 잡아내는 것이 중요하지만 아울러 점경물의 약식표현이나 부분 생략, 선의 터치 속도, 마커의 렌더링 속도 등을 빠르게 하여 시간을 단축하는 훈련도 필요하다. 이 과정을 통해서 여러분들도 눈의 감각과 빠른 손놀림을 숙달시켜 간다면 궁극적으로 현장에서 필요한 간략한 디자인 스케치 이미지를 구사할 수 있는 능력이 생겨날 것이다.

기본이 충실히 다져졌다면 이제는 감각으로 그려내는 훈련이 필요하다. 어떤 일이든 짧은 시간에 완성도가 생겨나진 않는다. 꾸준하고 반복적인 연습만이 프로로 가는 지름길인 것이다. 참고로 여기에 수록된 이미지들은 대부분 실존하는 건물이나 인테리어 공간을 위주로 이미지를 선별하여 필자가 작업한 것이기 때문에 마감재의 사용부분이나 부분 디테일에 다소 차이가 있을 수 있음을 밝혀 두며 여러분들은 표현상 참고용으로 활용하기 바란다. 더불어 투시도 컬러렌더링을 위한 참고 자료로도 활용할 수 있도록 실제와 가까운 컬러로 구성하였다.

건축분야 이미지 스케치

■ 주거시설 이미지 1 (디테일링에 의한 표현과 컬러링)

Chapter 05 공간 구성별 응용 표현

■ 주거니널 이미지 1-1 (빠른 터치에 의한 표현과 컬러링)

■ 주거시설 이미지 2 (디테일링에 의한 표현과 컬러링)

■ 주거시널 이미지 2-1 (빠른 터치에 의한 표현과 컬러링)

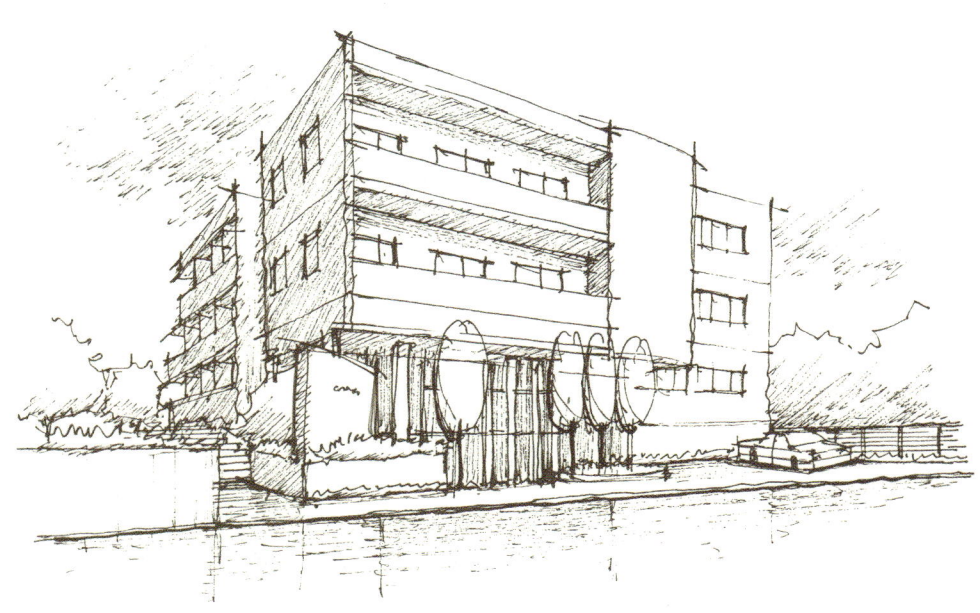

■ 주거시설 이미지 3 (디테일링에 의한 표현과 컬러링)

■ 주거니널 이미지 3-1 (빠른 터치에 의한 표현과 컬러링)

■ 주거니얼 이미지 4 (디테일링에 의한 표현과 컬러링)

■ 주거니널 이미지 4-1 (빠른 터치에 의한 표현과 컬러링)

건축, 인테리어 스케치 응용기법

■ 주거니얼 이미지 5 (디테일링에 의한 표현과 컬러링)

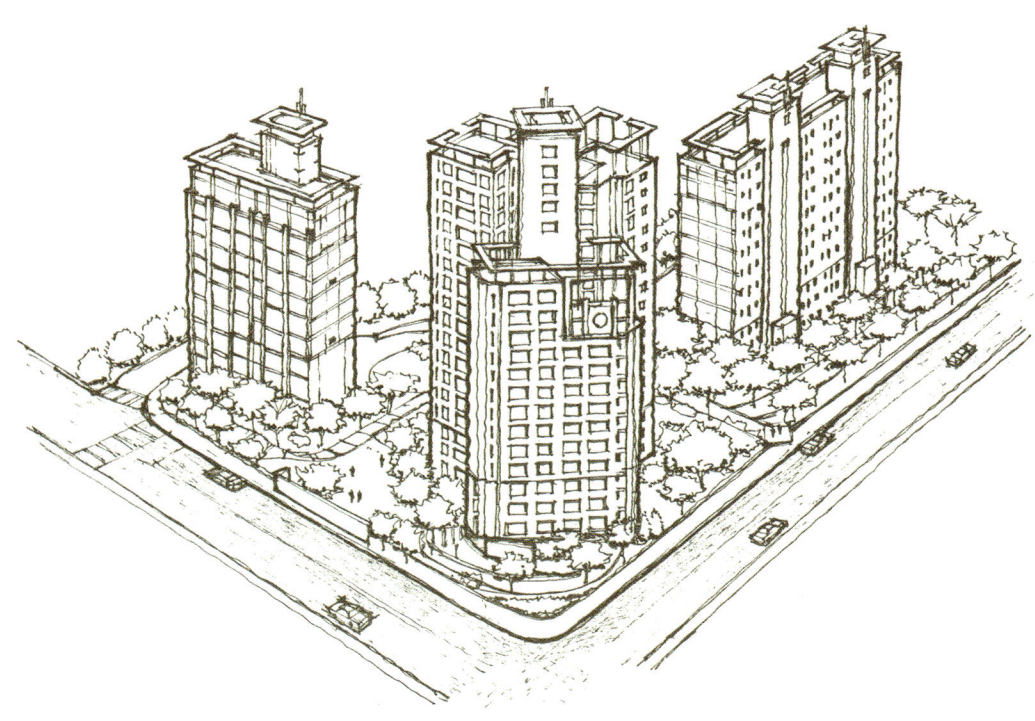

■ 주거시설 이미지 5-1 (빠른 터치에 의한 표현과 컬러링)

건축, 인테리어 스케치 응용기법

■ 근생시설 이미지 1 (디테일링에 의한 표현과 컬러링)

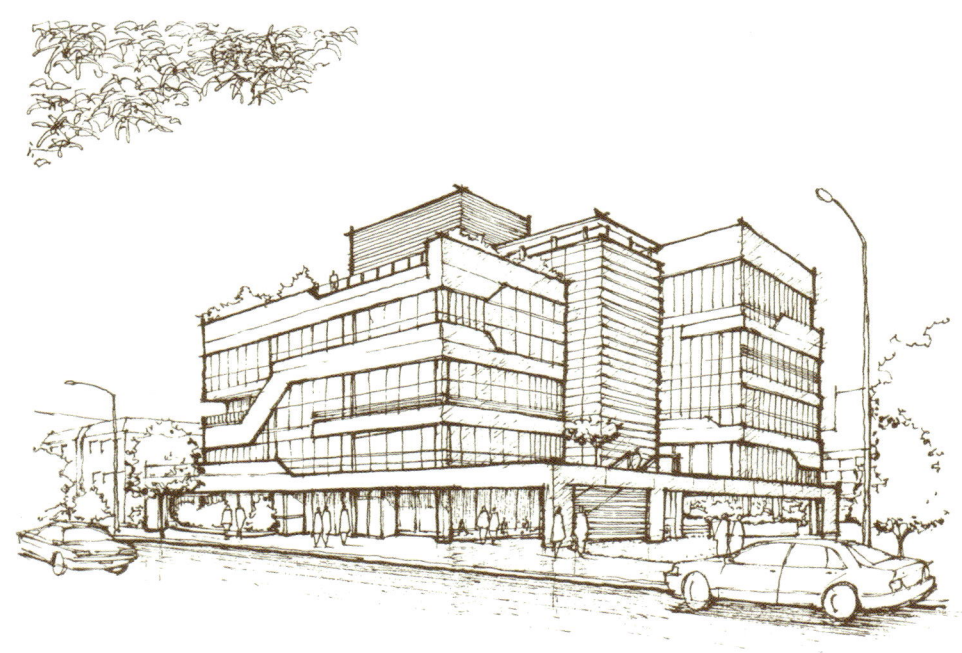

■ 근생시설 이미지 1-1 (빠른 터치에 의한 표현과 컬러링)

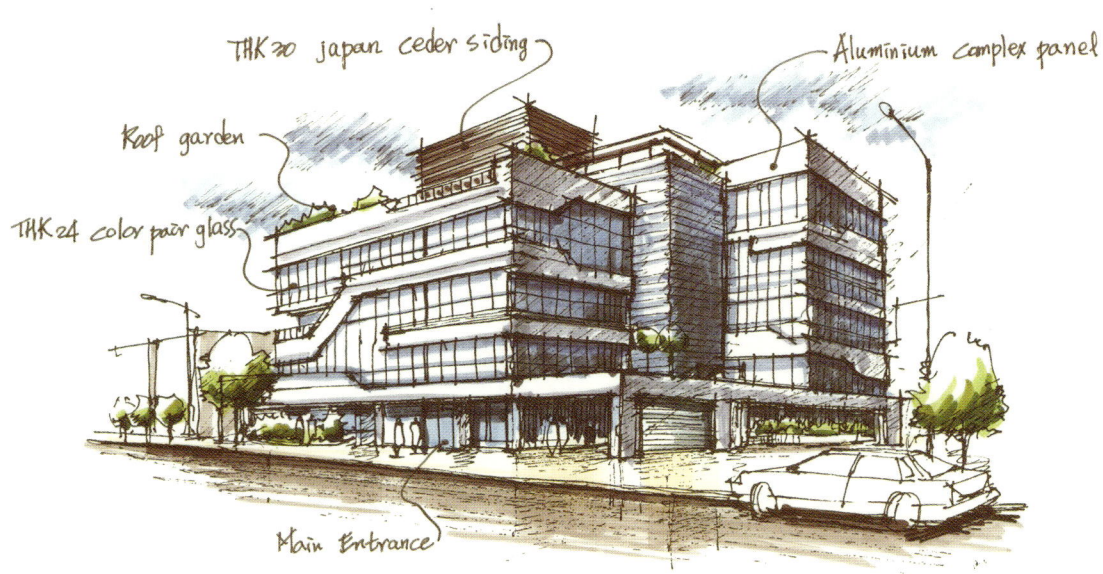

■ 근생시설 이미지 2 (디테일링에 의한 표현과 컬러링)

■ 근생시설 이미지 2-1 (빠른 터치에 의한 표현과 컬러링)

■ 근생시설 이미지 3 (디테일링에 의한 표현과 컬러링)

■ 근생시설 이미지 3-1 (빠른 터치에 의한 표현과 컬러링)

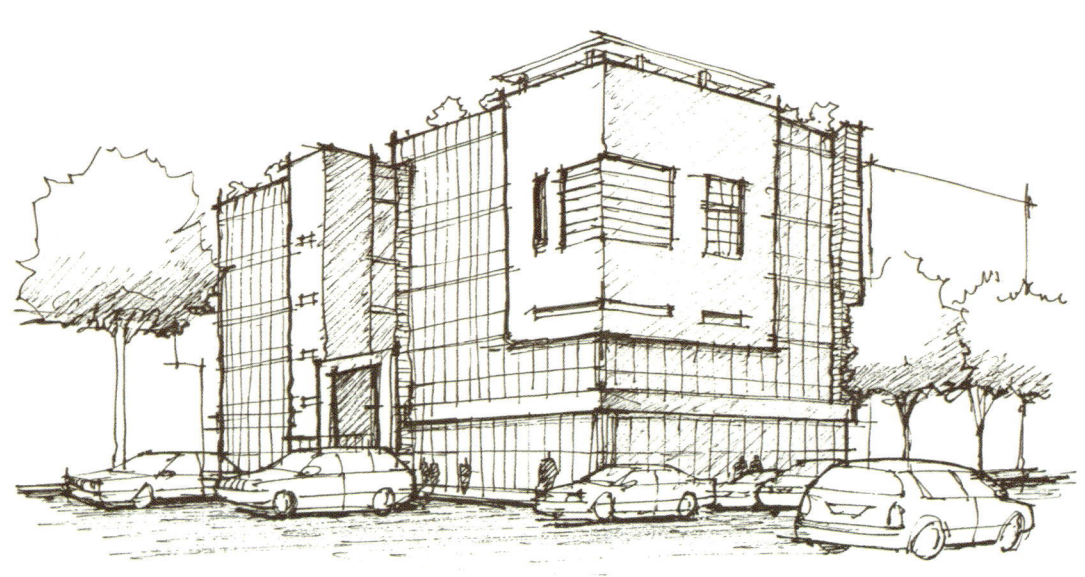

■ 공공·업무시설 이미지 1 (디테일링에 의한 표현과 컬러링)

■ 공공 · 업무시설 이미지 1-1 (빠른 터치에 의한 표현과 컬러링)

■ 공공·업무시설 이미지 2 (디테일링에 의한 표현과 컬러링)

■ 공공·업무시설 이미지 2-1 (빠른 터치에 의한 표현과 컬러링)

Goverment office

건축, 인테리어 스케치 응용기법

■ 공공·업무시설 이미지 3 (디테일링에 의한 표현과 컬러링)

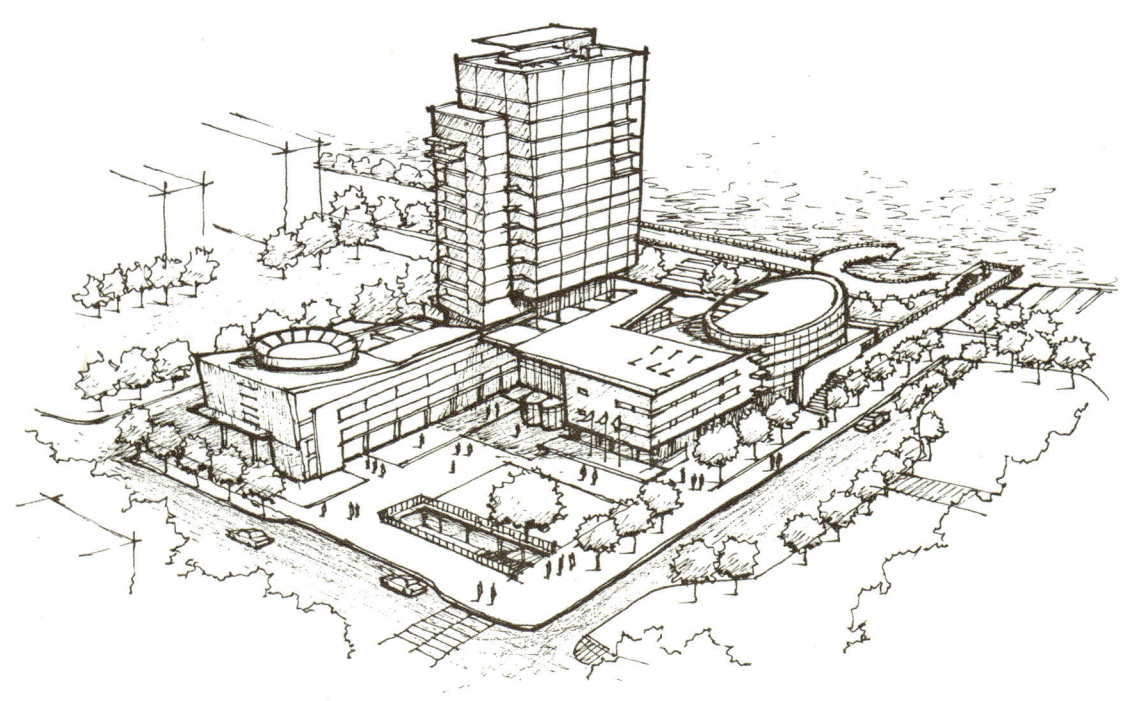

■ 공공·업무시설 이미지 3-1 (빠른 터치에 의한 표현과 컬러링)

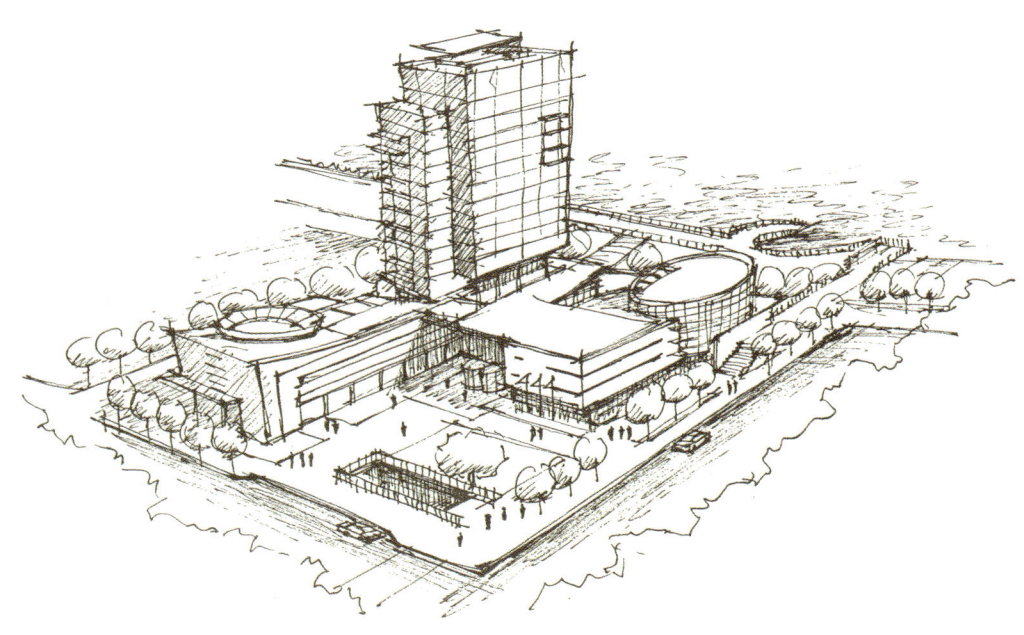

Bird's eye view
<Goverment office>

건축, 인테리어 스케치 응용기법

■ 숙박시설 이미지 1 (디테일링에 의한 표현과 컬러링)

■ 숙박시설 이미지 1-1 (빠른 터치에 의한 표현과 컬러링)

Resort Hotel

■ 숙박시설 이미지 2 (디테일링에 의한 표현과 컬러링)

■ 숙박시설 이미지 2-1 (빠른 터치에 의한 표현과 컬러링)

Hotel Burj Al Arab
〈Dubai〉

■ 숙박시설 이미지 3 (디테일링에 의한 표현과 컬러링)

■ 숙박시설 이미지 3-1 (빠른 터치에 의한 표현과 컬러링)

Seaport Hotel

■ 문화시설 이미지 1 (디테일링에 의한 표현과 컬러링)

■ 문화시설 이미지 1-1 (빠른 터치에 의한 표현과 컬러링)

■ 문화시설 이미지 2 (디테일링에 의한 표현과 컬러링)

■ 문화시설 이미지 2-1 (빠른 터치에 의한 표현과 컬러링)

oo Museum

■ 문화니널 이미지 3 (디테일링에 의한 표현과 컬러링)

■ 문화시설 이미지 3-1 (빠른 터치에 의한 표현과 컬러링)

■ 교육시설 이미지 1 (디테일링에 의한 표현과 컬러링)

■ 교육시설 이미지 1-1 (빠른 터치에 의한 표현과 컬러링)

■ 교육시설 이미지 2 (디테일링에 의한 표현과 컬러링)

■ 교육시설 이미지 2-1 (빠른 터치에 의한 표현과 컬러링)

College of Martial Art

■ 교육시설 이미지 3 (디테일링에 의한 표현과 컬러링)

■ 교육니널 이미지 3-1 (빠른 터치에 의한 표현과 컬러링)

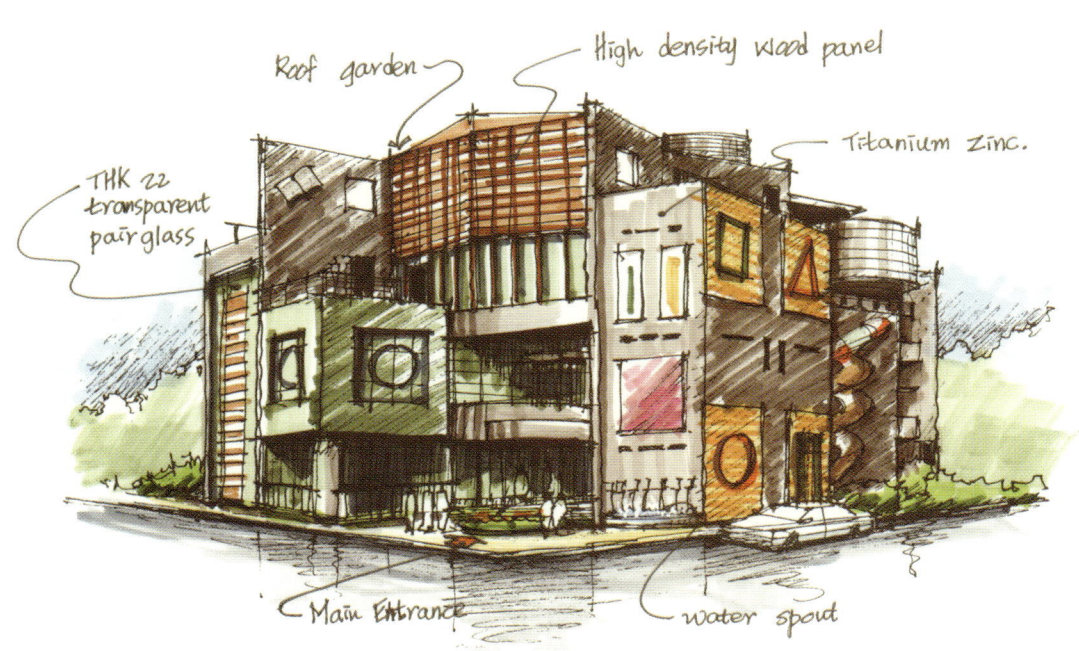

■ 교육시설 이미지 4 (디테일링에 의한 표현과 컬러링)

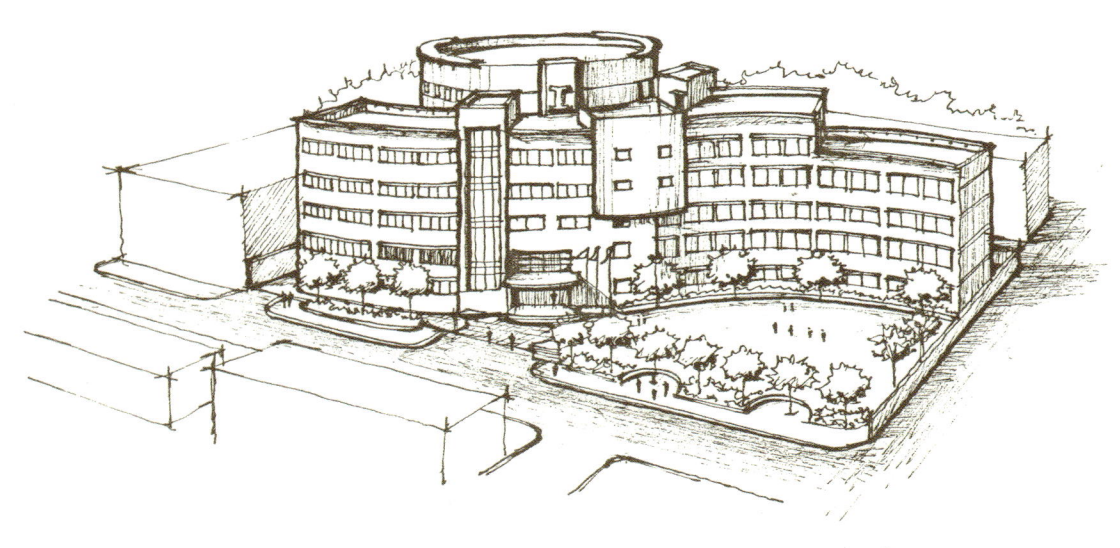

■ 교육시설 이미지 4-1 (빠른 터치에 의한 표현과 컬러링)

Bird's eye View
〈Elementary School〉

인테리어 분야 이미지 스케치
■ 주거공간 이미지 1 (디테일링에 의한 표현과 컬러링)

■ 주거공간 이미지 1-1 (빠른 터치에 의한 표현과 컬러링)

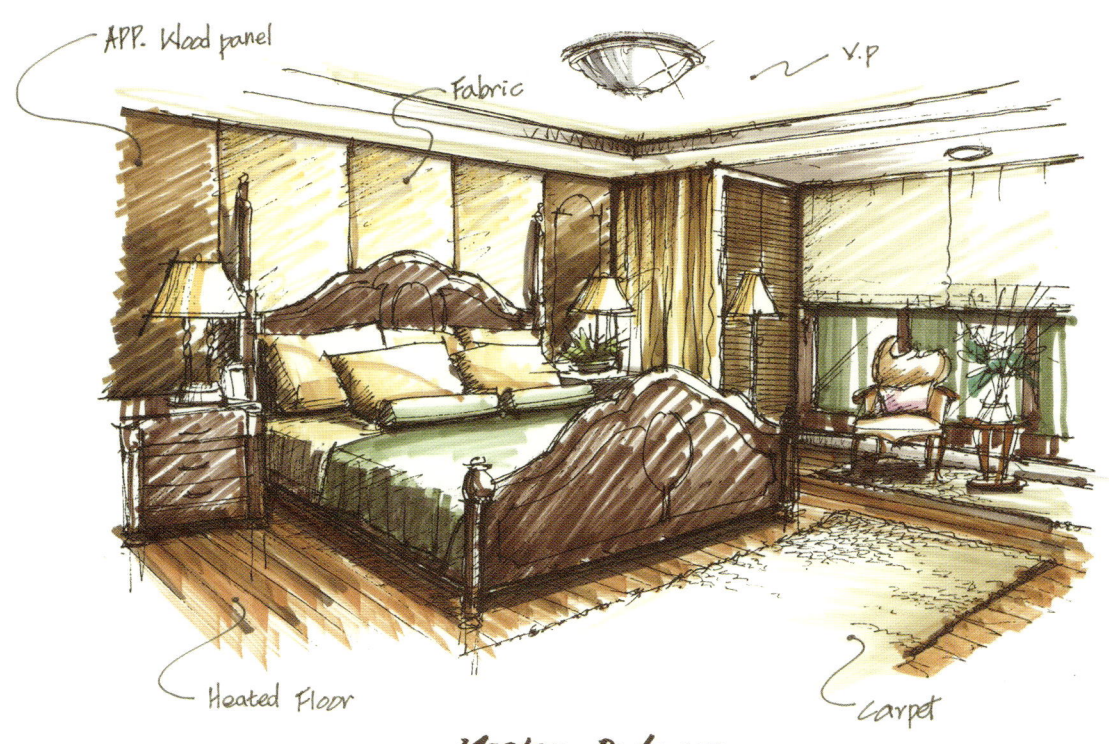

Master Bedroom

■ 주거공간 이미지 2 (디테일링에 의한 표현과 컬러링)

■ 주거공간 이미지 2-1 (빠른 터치에 의한 표현과 컬러링)

■ 주거공간 이미지 3 (디테일링에 의한 표현과 컬러링)

■ 주거공간 이미지 3-1 (빠른 터치에 의한 표현과 컬러링)

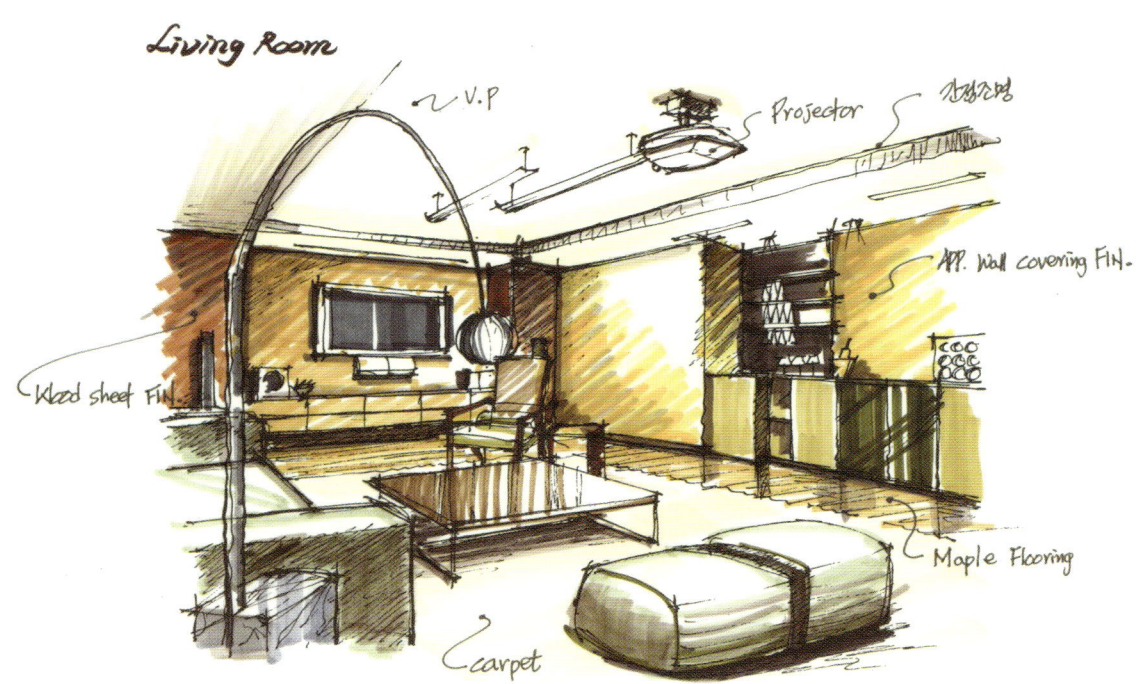

■ 주거공간 이미지 4 (디테일링에 의한 표현과 컬러링)

■ 주거공간 이미지 4-1 (빠른 터치에 의한 표현과 컬러링)

■ 상업공간 이미지 1 (디테일링에 의한 표현과 컬러링)

■ 상업공간 이미지 1-1 (빠른 터치에 의한 표현과 컬러링)

■ 상업공간 이미지 2 (디테일링에 의한 표현과 컬러링)

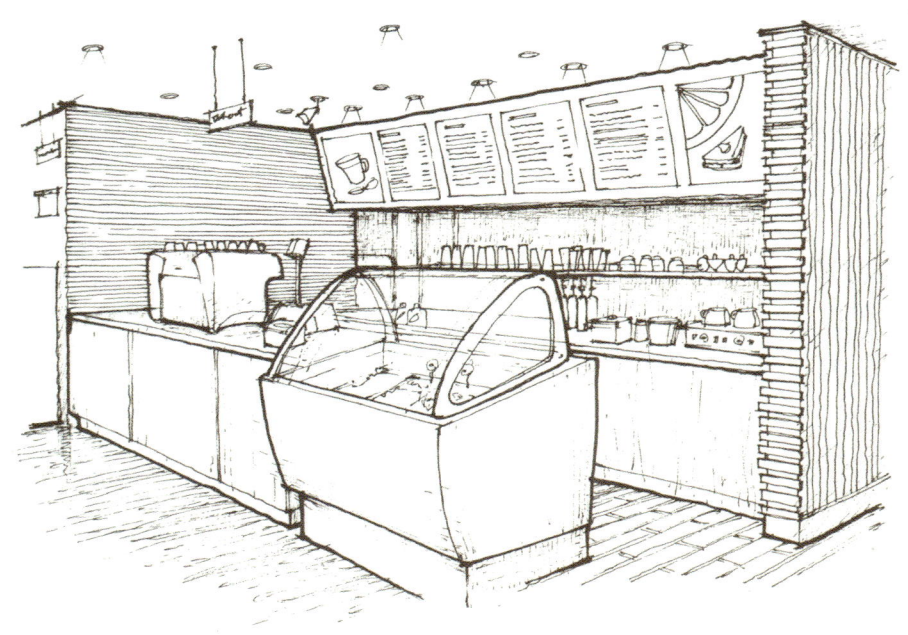

■ 상업공간 이미지 2-1 (빠른 터치에 의한 표현과 컬러링)

■ 상업공간 이미지 3 (디테일링에 의한 표현과 컬러링)

■ 상업공간 이미지 3-1 (빠른 터치에 의한 표현과 컬러링)

■ 상업공간 이미지 4 (디테일링에 의한 표현과 컬러링)

Chapter 05 공간 구성별 응용 표현

■ 상업공간 이미지 4-1 (빠른 터치에 의한 표현과 컬러링)

■ 업무공간 이미지 1 (디테일링에 의한 표현과 컬러링)

■ 업무공간 이미지 1-1 (빠른 터치에 의한 표현과 컬러링)

Rest room

■ 업무공간 이미지 2 (디테일링에 의한 표현과 컬러링)

■ 업무공간 이미지 2-1 (빠른 터치에 의한 표현과 컬러링)

■ 업무공간 이미지 3 (디테일링에 의한 표현과 컬러링)

■ 업무공간 이미지 3-1 (빠른 터치에 의한 표현과 컬러링)

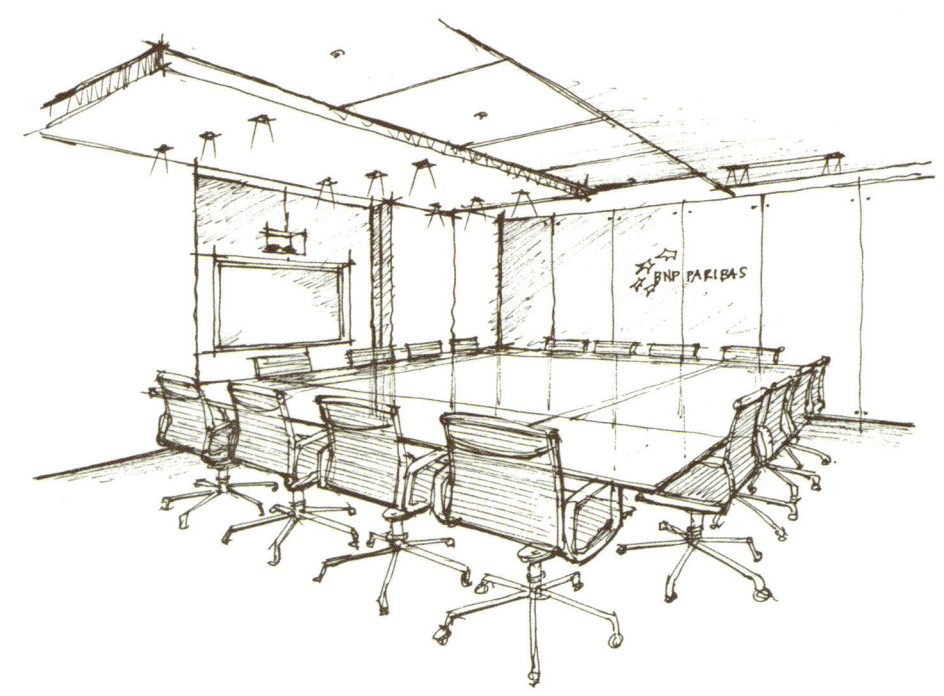

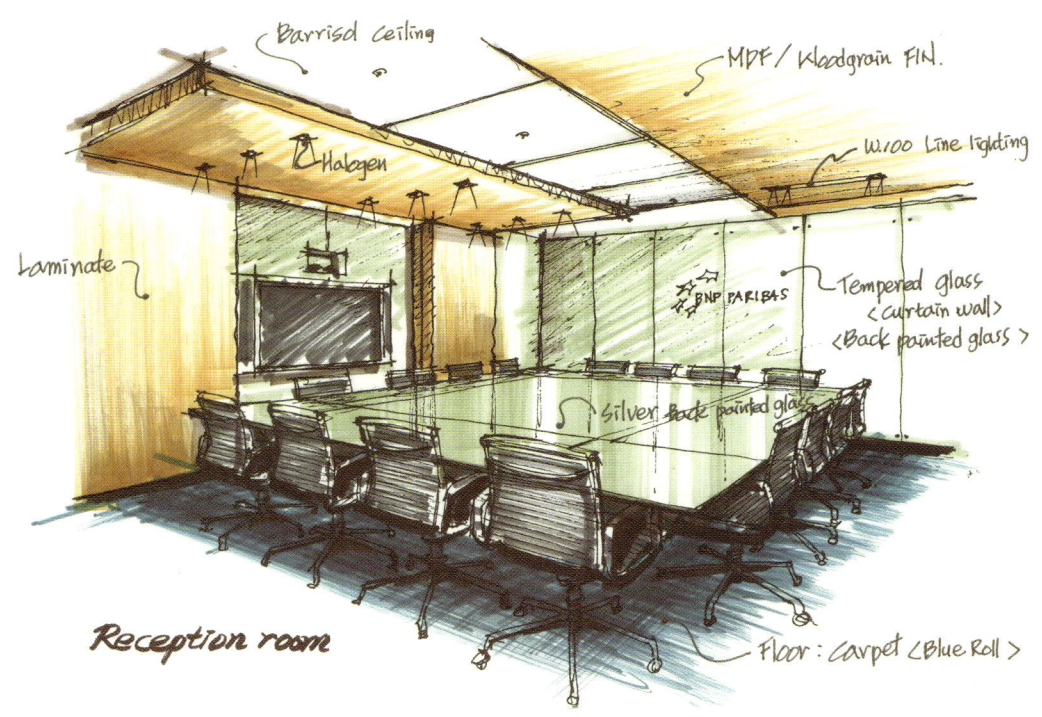

■ 업무공간 이미지 4 (디테일링에 의한 표현과 컬러링)

■ 업무공간 이미지 4-1 (빠른 터치에 의한 표현과 컬러링)

Lobby
The Switzer Group

■ 전시공간 이미지 1 (디테일링에 의한 표현과 컬러링)

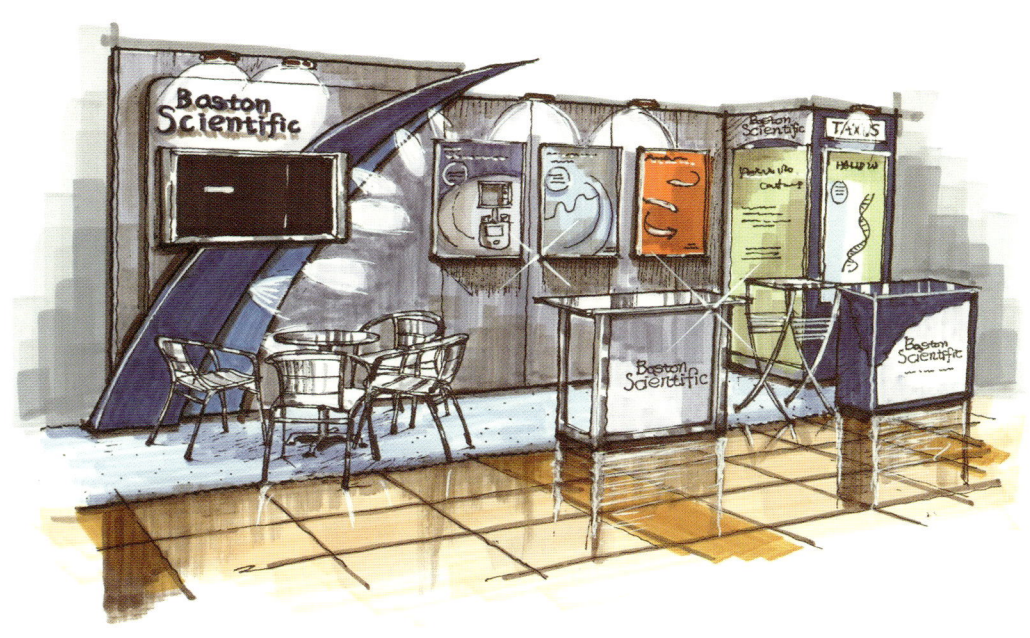

■ 전시공간 이미지 1-1 (빠른 터치에 의한 표현과 컬러링)

■ 전시공간 이미지 2 (디테일링에 의한 표현과 컬러링)

■ 전시공간 이미지 2-1 (빠른 터치에 의한 표현과 컬러링)

■ 전시공간 이미지 3 (디테일링에 의한 표현과 컬러링)

■ 전시공간 이미지 3-1 (빠른 터치에 의한 표현과 컬러링)

■ 전시공간 이미지 4 (디테일링에 의한 표현과 컬러링)

■ 전시공간 이미지 4-1 (빠른 터치에 의한 표현과 컬러링4)

■ 기타 이미지

G. N. Black House (Kragsyde)

Chapter 05 공간 구성별 응용 표현

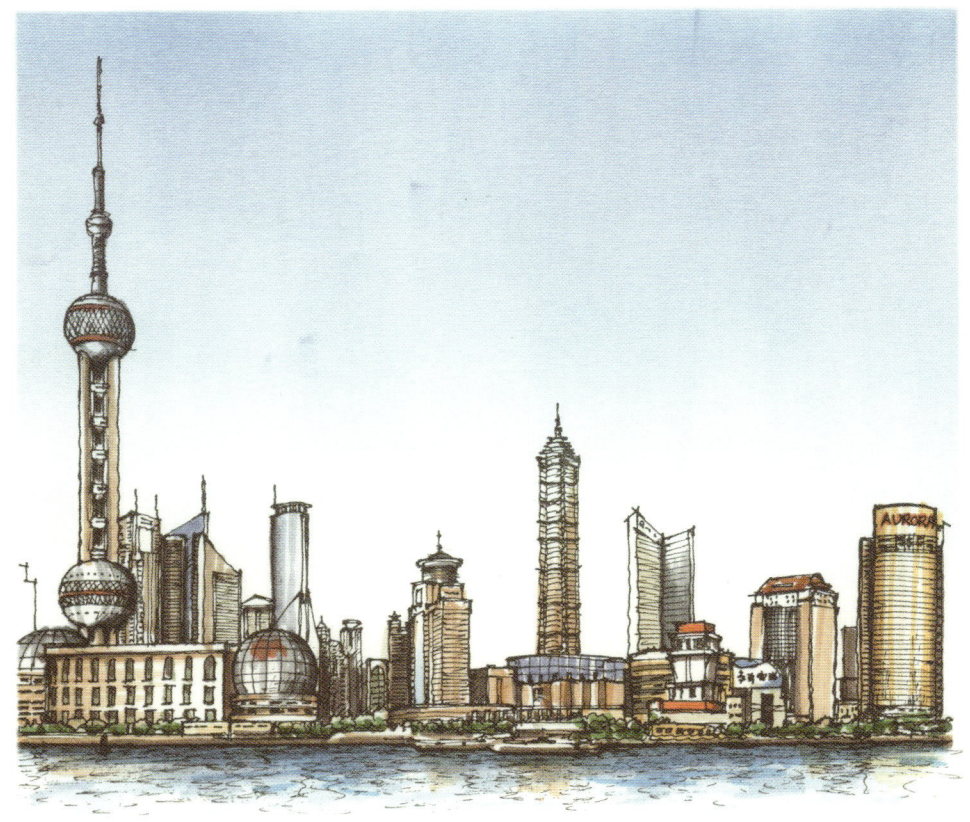

건축, 인테리어 스케치 응용기법

Chapter 05 공간 구성별 응용 표현

건축, 인테리어 스케치 응용기법

FOR ARCHITECTURE & INTERIOR SKETCH STORY 2
건축·인테리어 스케치 응용기법

1판 1쇄 인쇄 2008년 7월 30일   1판 1쇄 발행 2008년 8월 5일
1판 2쇄 인쇄 2012년 9월 1일   1판 2쇄 발행 2012년 9월 5일

저   자 박진영
발 행 인 이미옥
발 행 처 디지털북스
정   가 28,000원

등 록 일 1999년 9월 3일
등록번호 220-90-18139
주   소 서울 광진구 능동 253-21 (우편번호 143-849)
전화번호 (02) 447-3157~8
팩스번호 (02) 447-3159

Copyright ⓒ 2012 Digital Books Publishing Co.,Ltd

ISBN 978-89-6088-036-8

DIGITAL BOOKS
www.digitalbooks.co.kr

저자 합의
인지 생략